海上风电桩基础的承载机理和分析方法

张小玲　许成顺　著

北京工業大學出版社

图书在版编目（CIP）数据

海上风电桩基础的承载机理和分析方法 / 张小玲，许成顺著. -- 北京 : 北京工业大学出版社，2024. 10.

ISBN 978-7-5639-8685-9

I. TM614

中国国家版本馆 CIP 数据核字第 2024M55N32 号

海上风电桩基础的承载机理和分析方法

HAISHANG FENGDIAN ZHUANGJICHU DE CHENGZAI JILI HE FENXI FANGFA

著　　者： 张小玲　许成顺

责任编辑： 付　存

封面设计： 红杉林文化

出版发行： 北京工业大学出版社

（北京市朝阳区平乐园 100 号　邮编：100124）

010-67391722（传真）bgdcbs@sina.com

经销单位： 全国各地新华书店

承印单位： 北京虎彩文化传播有限公司

开　　本： 710 毫米 × 1000 毫米　1/16

印　　张： 11　彩插 0.5

字　　数： 192 千字

版　　次： 2024 年 10 月第 1 版

印　　次： 2024 年 10 月第 1 次印刷

标准书号： ISBN 978-7-5639-8685-9

定　　价： 68.00 元

前　言

随着全球经济的快速发展，其所带来的环境破坏以及资源消耗过量等问题逐渐引起了社会的关注。引导和加强新型可再生能源的开发及利用，是解决资源匮乏与环境污染等问题的必由之路。海上风电是可再生能源发展的重要领域，是推动风电技术进步和产业升级的重要力量。高效、大规模地发展风电已成为未来电力发展的必然趋势。我国有7.5亿kW的风力资源可供开发，沿海一带从辽宁到山东，再到江苏、浙江、福建、广东、海南，蕴藏着丰富的风能资源，可以有效地缓解我国能源紧张的严峻形势。加快海上风电项目建设，对于我国调整能源结构和转变经济发展方式具有重要意义。

海上风电基础设计是海上风电的关键技术。作为整个海上风力发电设备的支撑和根基，海上风电基础的安全与稳定直接影响着上部风机的发电能力和效率。海上风电基础结构的设计难点主要在于荷载的复杂多变，另外，各种环境荷载单独作用以及多种环境荷载耦合情况下的基础的动力反应特性是影响风电基础稳定的重要原因。针对恶劣多变的海洋环境，开展海上风电桩基础承载机理和动力分析方法的研究，对于海洋风电技术取得突破进展，提高风电工程的安全性与性价比具有重要意义。

本书总结了作者及其研究团队多年来在海上风电桩基础方面所取得的创新研究成果。全书共5章。第1章介绍海上风电桩基础动力特性研究现状，第2章介绍强度弱化条件下桩土相互作用的力学模型，第3章介绍海上风机大直径桩基础 p–y 曲线计算模型，第4章介绍复杂海洋荷载作用下海上风电桩基础动力模型试验，第5章介绍复杂海洋环境下海上风电基础的承载性能。

全书由北京工业大学张小玲教授负责编写及统稿，许成顺教授负责校核和审查，博士生张冰洁等为本书的编写做了大量工作。在此，对参与本书编写工作、审查工作以及为本书编写提供各方面支持和帮助的所有人员一并表示感谢。同时还要感谢国家自然科学基金（52478324,52078016）对本书的出版给予的资助。

限于作者的水平与经验，书中难免存在疏漏或不足之处，敬请读者批评指正！

著者

2023年7月

目　录

第1章 海上风电桩基础动力特性研究现状

近些年，随着世界能源危机以及环境问题的日益加剧，安全、清洁的可再生能源逐渐在世界各国的能源供应中崭露头角，引起各国政府越来越多的关注。作为一种可再生的能源，风能以其成本低、效率高、技术成熟等特点，被广泛认为是发展迅速、前景极好的清洁能源之一[1]。

目前，我国已相对成熟地开发利用了陆上风能资源。但随着陆上风电项目不断发展，由于资源、环境和人口等多重因素的制约，陆上风电项目的开发面临着诸多挑战，包括土地资源有限、环境影响与生态破坏等，这些因素限制了陆上风电的进一步发展[2]。海上风电相对于陆上风电具有几个显著的优势，包括具有更高的风能密度、更大的风资源储存量、较高的风速，且主导方向较为稳定。此外，我国海域辽阔，开发利用海上风能资源能够节约陆上土地资源，远离人口密集区，避免风机运行过程中产生的噪声对人类产生影响。基于这些优势，风力发电正朝着由陆地向近海发展的方向迈进。

我国拥有丰富的近海风能资源，开发利用这些资源对于未来能源结构的优化具有至关重要的作用。海上风能的开发利用不仅能够满足能源需求，还能有效地缓解环境污染等问题，具有广阔的应用前景。随着科技的不断进步和经济的快速发展，海上风电已经成为未来风电发展的必然趋势[3]。海上风机建于近海海域中，所处的海洋环境十分复杂，风机结构长期受风、波浪和海流等海洋环境荷载的共同作用，导致风机结构产生偏移、弯曲，甚至引起风机桩基础周围海床的变形、液化和失稳等一系列安全问题[4–5]。海上风机由于其高耸的结构，更容易受到冲击，并且更容易发生破坏。因此，海上风机的设计和制造需要更加严格和细致的考虑，以确保其在恶劣的海洋环境下能够安全运行。目前，国内外对于陆上风电基础的研究较为广泛，然而由于海洋环境与陆地环境之间存在显著的差异，陆上风电基础的研究方法和成果并不能直接用于海上风电基础。因此，有必要对海上风机和基础在复杂的海洋环境荷载作用下的动力响应和承载性能进行深入的研究和分析，从而为海上风电基础的设计和施工提供重要的参考依据。

1.1 循环荷载作用下饱和土体的强度弱化

众所周知，饱和砂土在地震荷载的作用下，土层中的孔隙水压力急剧上升，有效应力逐渐减小至零，土体发生液化。即使土体最终没有达到液化，土层中孔隙水压力的增加，也会导致土体承载能力减小，此时若仍然采用土体强度参数来计算承载力，即不考虑孔隙水压力对土体强度弱化的影响，结果将偏于危险。在液化过程中，超孔隙水压力的大小直接影响土体的强度和承载力。因此，将在振动荷载作用下，由超孔隙水压力引起的饱和砂土强度降低的现象称为土体的弱化，将不同弱化状态下相应的土体强度指标称为弱化参数，并基于动强度试验来研究不同弱化状态下饱和砂土的力学特性，然后根据有效应力原理对弱化状态下土体弱化参数与孔压比之间的关系进行分析，为进一步进行桩土相互作用的计算和桩基础设计提供重要的参考依据。

关于弱化状态下土体强度的问题，文献 [6] 研究发现，随着孔隙水压力的消散，砂土层的侧向抗力逐渐增加，表明孔隙水压力对土体强度是有影响的。文献 [7] 探究了超孔隙压力累积与土层剪切变形发展之间的关系，发现剪切应变随超孔隙压力的增大而增大，当土体液化时，剪应变振幅会迅速增大。文献 [8] 研究得到超孔隙压力的累积导致了土骨架抗剪刚度的循环退化。以上研究都表明孔隙水压力对土体强度是有影响的，但这些研究并没有对一定孔压比下的饱和砂土强度问题进行定量的分析。天津大学的王建华等人[9]利用施加反压的方法模拟弱化饱和砂土层，并对不同孔压比下的土体弱化参数进行测定，结果表明，饱和砂土层水平极限抗力随饱和砂土层中残余孔压的增加而降低。戚春香[10]选用细砂作为土样，对处于弱化状态的桩土相互作用的特性进行研究，并利用三轴压缩试验测定了不同弱化状态下砂土的弱化参数，研究发现，饱和砂土的弱化参数随着土样中孔压比值的增大而显著减小。但上述研究都采用的是静力试验的方法来研究土体的弱化参数，并没有针对土体强度的弱化问题进行动力试验。

对于弱化状态下桩土之间相互作用的研究，文献 [11–12] 通过足尺桩试验得到不同累积孔压比 R_u 下桩土动力 p–y 曲线，发现与标准 p–y 曲线的形状明显不同。中国海洋大学的刘红军等[13]对于可液化土桩土相互作用 p–y 曲线折减方法的研究进展进行了总结，并分析了不同研究方法对所得结果的影响。冯士伦[14]基于桩土相互作用的振动台模型试验，探讨了 p–y 曲线参数的衰减与累积孔压比之间的相互关系，得出土层在不同弱化时刻相应的 p–y 曲线。

1.2 海上大直径单桩基础的桩土相互作用

目前海上风电工程的单桩基础直径一般为 2~8 m，属于大直径桩的范畴，然而美国石油学会（American Petroleum Institute，API）规范[15]（以下简称 API 规范）推荐的 p–y 曲线法主要适用于小直径桩。为了探究更适用于大直径桩的 p–y 曲线模型，国内外学者开展了一系列的试验研究，如文献 [16] 开展的密实砂土中的大直径单桩离心模型试验，研究结果表明，传统的 p–y 曲线来源于小直径桩基试验，难以运用于大直径单桩基础的水平受荷分析。文献 [17] 通过比较 API 规范推荐的 p–y 曲线和现有修正的 p–y 曲线，认为对于单桩基础而言，API 推荐的 p–y 曲线法高估了初始地基反力模量，低估了极限土抗力。文献 [18] 针对砂土中大直径细长桩横向受荷进行研究，认为 API 规范公式高估了桩体初始地基反力模量，通过一系列离心模型试验，找到了合适的初始地基反力模量和极限土抗力，提出了新的 p–y 曲线。

文献 [19] 通过砂土中小直径桩水平加载试验，得到了适用于砂土中桩土相互作用的三段式 p–y 曲线。文献 [20] 通过开展单桩和多组群桩的水平载荷试验，研究了大直径群桩的非线性反应，以及大直径桩的 p–y 曲线的有关参数的选取问题。文献 [21] 对 28 根现场水平受荷桩进行分析，探讨了桩径变化对土体刚度的影响，并给出了初始地基反力模量与桩径线性相关的结论。

在理论研究与数值分析方面，文献 [22] 通过 PLAXIS 3D（三维有限元软件）计算得到 5 m 直径桩基砂土中的 p–y 曲线，并与 API 规范的 p–y 曲线结果进行了对比，认为 API 规范的 p–y 曲线并不适用于大直径桩。

文献 [23] 分析了地基比例系数和桩径的关系，且因地基反力系数等于桩径和地基比例系数的乘积，故认为初始地基反力模量与桩径无关。文献 [24] 认为地基反力模量与桩身参数相关，桩身抗弯刚度与桩径四次方成正比，而初始地基反力模量值与桩的尺寸无关。南博文[25]通过数值模拟对不同尺寸大直径桩进行计算对比，发现随着桩径的增大，地基初始反力模量有所增大，并提出了相应的修正公式。孙毅龙[26]针对不同密实度砂土场地中的大直径桩，通过对初始地基反力模量进行修正，提出适用于大直径桩的 p–y 曲线模型，但其研究中没有考虑极限土抗力随桩径的变化而变化。

1.3 海上风电桩基础动力响应的试验研究

在海上风电基础的试验研究中，原型观测和现场试桩试验条件最接近实际情况。针对不同的研究重点，许多研究者采用各类试验手段开展研究，龚维明等人[27]针对东海大桥风电场二期工程进行大直径钢管桩现场水平试验，根据现场实测结果推导桩土相互作用的 p–y 曲线，并与 API 规范的 p–y 曲线和经索伦森修正的 p–y 曲线进行比较，提出应根据实际工程背景对规范推荐的 p–y 曲线进行修正。翟恩地等人[28]结合江苏响水风电场钢管桩试验，将实测值与 API 规范法、m 法和 m 折减法进行对比，认为 m 折减法更适用于大直径桩水平承载问题的研究。朱斌等人[29]在海洋软黏土场地开展大直径高桩基础水平单调及循环加载试验，验证了根据实测桩身位移推算桩周土反力方法的有效性并提出了循环弱化的双曲线型 p–y 模型。

近年来，以人工造波和造风技术为基础的模拟真实风浪的波浪水池和风洞试验也陆续开展，因其能近似还原原始海况而被认为是目前研究海洋结构物动力响应问题时比较符合实际的室内试验方式[30–32]。王文华[33]基于造风系统、波流 – 地震联合模拟系统开展了地震、风和波流荷载单独和联合作用下海上风机结构动力模型试验。研究地震作用下海上风机结构的动力反应特性以及验证环境荷载耦合效应对于地震作用下结构反应的影响。任年鑫[34]在哈尔滨工业大学风洞浪槽试验室开展模型试验，主要研究新型张力腿 – 锚缆结合式浮式海上风力机在典型风载荷、波浪载荷及风浪联合作用下整体结构的动力响应特性，并将该试验结果与对应纯张力腿模型的测试结果进行了对比分析。

当缺少造波造风的试验条件时，采用自研加载装置在室内模型试验中模拟复杂的海洋环境荷载也有一定可行性。吴小峰等人[35]认为近海风机结构和基础长期承受着巨大的水平向环境荷载，在风机的服役周期中，地震荷载与水平环境荷载会有大概率同时空作用于风机基础上的风险。他们研发了初始水平环境施加装置，设计了砂土地基中的近海风机单桩基础超重力动力模型试验，从物理模型尺度初步实现了考虑初始水平环境荷载与地震荷载联合作用的单桩基础动力试验。通过超重力振动台试验发现，联合工况下，干砂地基和饱和砂地基中风机单桩基础的震后桩身弯矩值要大于初始弯矩值。施加海洋循环荷载的伺服作动装置[36]一般采用液压伺服作动器，文献 [37] 利用作动装置对结构进行“摇桩”加载，通过桩身晃动模拟海洋环境荷载对结构物的往复作用，进而研究类似循环荷载作用下桩土相互作用的变化规律，主要针对孔隙水压力的变化进行研究。试验中制备了粗砂和粗淤泥两类饱和地基并开展试验，发现粗砂受到外荷载作用时会出现瞬时的孔压积累现象，之后便快速消散，进而认为粗砂场地受荷基本表现在排水过程中，而粗淤泥场地的平均孔压会随着试验加载而逐渐增大。

另外，还有学者采用其他类型的加载装置模拟风浪流荷载作用。刘坤宁、杨永春等人[38-39]针对浮式风机等非固定式近海结构物开展模型试验，开发了新型加载装置，利用气流喷射的反作用力来模拟风荷载对结构的作用。通过气流控制信号与气流喷射作用力的标定，将基于荷载理论模拟计算得到的原型风机载荷时程转换为控制信号，并在频域和时域范围内修正，进而通过加载装置模拟风机所受的力和力矩。试验结果表明，该加载装置能够产生与目标风机载荷一致的作用力，证实了这类试验装置是有效的，能够用于非固定式风电桩基础试验加载。

蒋敏敏[40]开发了非接触式循环荷载加载系统，利用磁力加载装置对防波堤模拟施加波浪荷载，解决了传统离心机试验中接触式作动设备产生的附加效应和双向加载问题，并弥补了波浪水池等试验中反射波不易消除的不足。通过计算机精确控制，可稳定模拟不同的变幅值波浪荷载，得出在波浪荷载作用下箱筒形基础防波堤的位移和转角幅值逐渐增长的结果，荷载幅值对位移增长的效果贡献显著，整体结构表现为振动和摆动的耦合运动模式。

1.4 海上风电基础的承载性能研究

在复杂海洋环境荷载作用下，海床中的超孔隙水压力与有效应力等动力响应是影响海床和海洋结构物稳定性的主要因素。海洋中通常波浪和海流共同存在，波浪和海流之间存在相互作用，海流的存在会对波浪参数产生影响，从而影响到波浪力，然而目前大多数学者在进行荷载计算时没有考虑波浪、海流之间的相互影响，仅是将波浪和海流荷载分开进行简单的计算[41-42]，从而使得计算结果小于实际工程中风机受到的波流荷载，进而使得风机系统的模拟结果偏于不安全。在海上风电基础与海床相互作用研究方面，董会然[43]进行了随机波浪作用下钢管桩与土体的动力响应研究，分析了海床深度、土层性质、土体和桩体距离与桩－土系统动力响应的内在联系；文献 [44] 对波浪作用下的海床与结构物进行了动力响应分析，研究了波浪以及海床特性对风电基础周围土壤的影响；文献 [45] 基于文献 [8] 的多孔弹性理论，研究了波浪作用下非饱和固结海床中桩的插入深度对桩基础周围海床应力分布的影响；王聪[46]对波流荷载作用下的栈桥钢管桩进行了动力响应分析，得到了钢管桩位移和应力的变化规律；刘超[47]进行了近海风机地基土力学响应基本规律的试验研究及数值分析，阐明了风浪荷载作用下风机单桩基础附近地基土中应力变化的特性规律及主要影响因素。

海上风机建设于近海海域中，其所处的海洋环境十分复杂，风机结构长期经受风、波浪和海流等海洋环境荷载的共同作用，导致风机结构产生偏移、弯曲，甚至引起风机桩基础周围海床的变形、液化和失稳等一系列安全问题[4-5]。因此，需要针对复杂海洋环境下的海上风机和基础进行研究分析，得到适用于海上风电基础的研究规律，从而为海上风电基础的设计和施工提供重要的参考依据。

在理论研究方面，文献 [48] 运用上限解法和塑性理论对吸力桩的水平承载力进行了分析，并提出了一种可靠的经验计算公式。在试验研究方面，岳宏智[49]基于现场荷载试验，得出了桩基础的极限承载力与沉降量之间的定量关系，为桩基础设计提供了重要的参考依据。在数值模拟方面，曹维科[50]对桩基础水平承载特性进行了研究，得到单桩在水平荷载作用下的位移和弯矩沿桩身变化的规律，以及影响桩基础水平承载力的因素。

参考文献

[1] 吴翔．我国风力发电现状与技术发展趋势[J]. 中国战略新兴产业，2017（44）：225.
[2] 张丛林，练继建，王海军．海上风电发展状况综述[C]//第四届全国水力学与水利信息学学术大会，陕西，2009.
[3] 李宝仁．单桩复合筒型基础地基极限承载力研究[D]. 天津：天津大学，2014.
[4] ZHANG J F, ZHANG Q H, HAN T, et al. Numerical simulation of seabed response and liquefaction due to non-linear waves [J]. China Ocean Engineering, 2005, 19（3）: 497-507.
[5] ABHINAV K A, NILANJAN, SAHA. Coupled hydrodynamic and geotechnical analysis of jacket offshore wind turbine [J]. Soil Dynamics and Earthquake Engineering, 2015, 73: 66-79.
[6] ASHFORD S A, ROLLINS K M. The treasure island liquefaction test [D]. Final Rep. No.SSRP 2001/17, Dept. of Structural Engineer, Univ. of California, San Diego, 2002.
[7] SU D, MING H Y, LI X S. Effect of shaking strength on the seismic response of liquefiable level ground [J]. Engineering Geology, 2013, 166: 262-271.
[8] ZHAO K, XIONG H, CHEN G X, et al. Cyclic characterization of wave-induced oscillatory and residual response of liquefiable seabed [J]. Engineering Geology, 2017, 227: 32-42.
[9] 王建华，戚春香．按土强度参数确定弱化砂土层水平极限抗力的探讨[J]. 天津：天津大学学报，2008, 41（4）：454-460.
[10] 戚春香．饱和砂土液化过程中桩土相互作用 p-y 曲线研究[D]. 天津：天津大学，2008.
[11] WEAVER T L. Behavior of liquefying sand and CISS pile during full-scale lateral load tests [D]. San Diego California: University of California, 2001.
[12] WEAVER T L, ASHFORD S A, ROLLINS K M. Response of a 0.6 m CISS pile in liquefied soil under lateral loading [J]. Journal of Geotechnical and Geoenvironmental Engineering, ASCE, 2005, 131（1）: 94-102.
[13] 刘红军，西国庚，马明泊．可液化土 p-y 曲线模型折减方法的研究进展[J]. 中国海洋大学学报，2015, 45（7）：107-112.
[14] 冯士伦．可液化土层中桩基横向承载特性研究[D]. 天津：天津大学，2004.
[15] API. Recommended practice for planning, designing and constructing fixed offshore platforms-working stress design [S]. 21th ed. Washington, D.C., 2000.
[16] CHOO Y W, KIM D, PARK J, et al. Lateral response of large-diameter monopiles for offshore wind turbines from centrifuge model tests [J]. Geotechnical Testing Journal, 2013, 37（1）: 107-120.

[17] BOUZID D A. Numerical investigation of large diameter monopiles in sands: critical review and evaluation of both API and newly proposed p–y curves [J]. International Journal of Geomechanics, 2018, 18 (11): 04018141.

[18] WANG H, WANG L Z, HONG Y, et al. Centrifuge testing on monotonic and cyclic lateral behavior of large-diameter slender piles in sand [J]. Ocean Engineering, 2021, 226: 108229.

[19] REESE L C, COX W R. Analysis of later ally-loaded piles in sand [C]// Proceeding of the 6th offshore technology conference. Houston, America: 1974, 473–485.

[20] NG C W W, ZHANG L, NIP D C N. Response of laterally loaded large-diameter bored pile groups [J]. Journal of Geotechnical and Geoenvironmental Engineering, 2001, 127 (8): 658–669.

[21] LING L F. Back analysis of lateral load test on piles [R]. Faculty of engineering, University of Auckland, New Zcaland, 1988.

[22] HEARN E N, EDGERS L. Finite element analysis of an offshore wind turbine monopole [C]// GeoFlorida: Advances in analysis, Modeling and design conference. West palm beach, ASCE: 2010, 1857–1865.

[23] TERZAGHI K. Evalution of conefficients of subgrade reaction [J]. Geotechnique, 1955, 5 (4): 297–326.

[24] VESIC A B. Beams on elastic subgrade and the Winkler's hypothesis [C]. Proc. 5th International Conference of Soil Mechanics, Paris, 1961.

[25] 南博文．基于砂土刚度衰减模型的大直径桩修正 p–y 曲线法研究 [D]. 杭州：浙江大学，2019.

[26] 孙毅龙，许成顺，杜修力，等．海上风电大直径单桩的修正 p–y 曲线模型 [J]. 工程力学，2021, 38 (04): 44–53.

[27] 龚维明，霍少磊，杨超，等．海上风机大直径钢管桩基础水平承载特性试验研究 [J]. 水利学报，2015, 46 (S1): 34–39.

[28] 翟恩地，徐海滨，郭胜山，等．响水海上风电钢管桩基础水平承载特性对比研究 [J]. 太阳能学报，2019, 40 (03): 681–686.

[29] 朱斌，杨永垚，余振刚，等．海洋高桩基础水平单调及循环加载现场试验 [J]. 岩土工程学报，2012, 34 (06): 1028–1037.

[30] SKAARE B, HANSON T D, NIELSEN F G, et al. Integrated Dynamic Analysis of Floating Offshore Wind Turbines [C]//25th International Conference on Offshore Mechanics and Arctic Engineering. 2006.

[31] RODDIER D, CERMELLI C, AUBAULT A, et al. WindFloat: A floating foundation for offshore wind turbines [J]. Journal of Renewable & Sustainable Energy. 2010, 2 (3): 53.

[32] SHIN H, KIM B, DAM P T, et al. Motion of OC4 5 MW Semi-Submersible Offshore Wind Turbine in Irregular Waves[C]//32nd International Conference on Ocean, Offshore and Arctic Engineering. 2013.

[33] 王文华，李昕，王滨，等．海上风机整体结构动力模型试验设计 [J]. 水力发电，2014, 40 (05): 77–80.

[34] 任年鑫．海上风力机气动特性及新型浮式系统[D]. 哈尔滨：哈尔滨工业大学，2011.
[35] 吴小峰，朱斌，汪玉冰．水平环境荷载与地震动联合作用下的海上风机单桩基础动力响应模型试验[J]. 岩土力学，2019，40（10）：3937-3944.
[36] 陈仁朋，顾明，孔令刚，等．水平循环荷载下高桩基础受力性状模型试验研究[J]. 岩土工程学报，2012，34（11）：1990-1996.
[37] HANSEN，MANDRUP N. Interaction between Seabed Soil and Offshore Wind Turbine Foundations [D]. Kgs. Lyngby，Denmark：Technical University of Denmark，2012.
[38] 刘坤宁．海上浮式风电结构风机载荷模拟试验技术研究[D]. 青岛：中国海洋大学，2013.
[39] 杨永春，刘坤宁，李响亮，等．气流喷射模拟海上浮式风电结构风机载荷试验技术初探[J]. 海洋工程．2015，33（02）：105-109.
[40] 蒋敏敏，蔡正银，徐光明，等．离心模型试验中深水防波堤上波浪循环荷载的模拟研究[J]. 岩石力学与工程学报．2013，32（07）：1491-1496.
[41] 张二虎．单桩基础风机耦合动力响应研究[D]. 上海：上海交通大学，2012.
[42] 于通顺．循环荷载下复合筒型基础地基孔隙水压力变化及液化分析[J]. 岩土力学，2014，35（3）：820-826.
[43] 董会然．随机波浪荷载作用下钢管桩－土的动力响应研究[D]. 河北：燕山大学，2014.
[44] CHANG K T，JENG D S. Numerical study for wave-induced seabed response around offshore wind turbine foundation in Donghai offshore wind farm，Shanghai，China [J]. Ocean Engineering，2014，85：32-43.
[45] SUI T，ZHENG J，ZHANG C，et al. Consolidation of unsaturated seabed around an inserted pile foundation and its effects on the wave-induced momentary liquefaction [J]. Ocean Engineering，2017，131：308-321.
[46] 王聪．波流作用下钢管桩的动力响应研究[D]. 辽宁：大连理工大学，2014.
[47] 刘超．近海风机地基土力学响应基本规律的试验研究及数值分析[D]. 北京：清华大学，2014.
[48] MURFF J D，HAMILTON J M. P-Ultimate for undrained analysis of laterally loaded piles [J]. ASCE Journal of Geotechnical Engineering，1993，119（1）：91-107.
[49] 岳宏智．桥梁桩基础竖向承载力研究[D]. 济南：山东大学，2009.
[50] 曹维科．桩基础水平承载力性能研究[D]. 哈尔滨：哈尔滨工业大学，2011.

第 2 章 强度弱化条件下桩土相互作用的力学模型

地震荷载引发的液化现象对桩基础的破坏有重大影响。即使土体未完全液化，饱和土体的强度也会因超孔隙水压力的上升而削弱，导致土体对桩身水平抗力降低。若不考虑超孔隙水压力对土抗力的影响，在桩基础设计中仍采用 API 规范中的 p–y 曲线，结果可能偏于危险。针对这一问题，本章首先通过竖向－扭转双向耦合剪切仪对饱和砂土进行循环扭剪动强度试验，并结合莫尔－库仑强度理论，计算得到不同孔压比下饱和砂土的弱化参数。基于有效应力原理，建立了弱化状态下饱和砂土弱化参数与孔压比之间的数学关系。然后，利用桩前土的圆锥式楔形体理论模型推导极限土抗力的表达式，并结合饱和砂土的弱化参数，得出了不同孔压比下的极限土抗力。最后，构造了在弱化状态下饱和砂土地基中桩土相互作用的 p–y 曲线[1]。

2.1 饱和砂土的循环扭剪动强度试验

地震和波浪等动力荷载会对土体施加压力，导致土体发生液化破坏，以及超孔隙水压力的上升。超孔隙水压力的上升会削弱土体的强度，增加土体变形和破坏的风险。对于研究土体的力学特性和强度弱化机理，土工试验是一种重要的途径。其中，竖向－扭转双向耦合剪切仪是一种常用的设备，用于模拟土体在地震和波浪等动力荷载下的受力情况。通过该设备可以模拟土体在不同应力状态下的强度和变形特性，研究土体强度的弱化机理，从而进行饱和砂土的循环扭剪动强度试验[2]。

2.1.1 试验设备介绍

试验采用的竖向－扭转双向耦合剪切仪是由日本株式会社诚研社生产的

DPM-900A 系列产品[3]。该试验仪器由加载装置、水气控制系统、电柜装置和液压源组成，可以测量轴向荷载、位移、扭矩、角位移、内外腔压力和孔隙水压力等参数。

“竖向－扭转双向耦合剪切仪”具有 6 种试验功能，包括静力或动力三轴压缩试验、静力或动力扭剪试验、静力或动力三轴压缩－扭剪双向耦合试验。通过这些试验功能，可以实现常规的等向固结和非等向固结应力状态，并且可以实现 K_0 固结条件。此外，该仪器还可以进行特殊应力路径试验，模拟复杂荷载作用下土体试样的力学行为。

竖向－扭转双向耦合剪切仪共设有 12 个采集通道，每个通道都安装了传感器，能够测量施加的荷载、位移等信息，如表 2-1 所示。其中 CH1 轴向荷载通道和 CH3 扭矩通道可以选择多个量程，适用于大荷载和小荷载情况下的变形测量，并满足精度要求。

表 2-1　设备主要采集指标

采集通道	采集参数	量程	精确度
CH1	轴向荷载 /kN	2，10，20	0.01
CH2	轴向大位移 /mm	50	0.1
CH3	扭矩 /（N·m）	20，50	0.01
CH4	大角位移 /（°）	40	0.01
CH5	小角位移 /（°）	1.0	0.001
CH6	外侧压力 /kPa	1000	1.0
CH7	内侧压力 /kPa	1000	1.0
CH8	孔隙水压力 /kPa	1000	1.0
CH9	试样体变 /mL	300	1.0
CH10	试样内腔体变 /mL	100	1.0
CH11	试样外腔体变 /mL	200	1.0
CH12	轴向小位移 /mm	1.5	0.1

竖向－扭转双向耦合剪切仪可用于测试空心和实心圆柱试样。对于循环扭剪试验，由于空心圆柱试样的壁厚较薄，应力应变分布更均匀，因此选

择了空心圆柱试样，其尺寸为 100 mm × 60 mm × 150 mm（外径 × 内径 × 高度）。

空心圆柱试样的受力状态[4]如图 2–1（a）所示，图 2–1（b）为土壁上某一单元的应力状态，图 2–1（c）为土体单元受到的在轴向平面内的应力状态和环向平面内的应变状态。

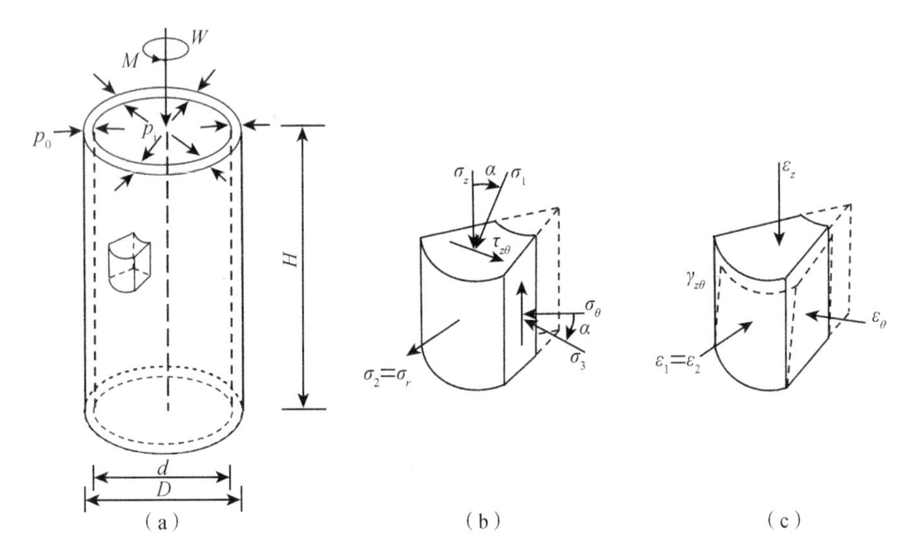

图 2–1　空心圆柱试样的应力状态

平均应力和平均应变的大小由试样体的面积决定，因此需要知道试样体在不同时刻的内径和外径，内外径可通过试样体的体变 V 与试样体的内腔体变 ΔV_{int} 计算得到，相关计算公式见参考文献 [4]。

2.1.2　循环扭剪强度试验内容

根据港珠澳大桥水下隧道工程的实测资料[5]，深度为 36.3~43.1 m 的砂土干密度为 ρ_{d}=1.52 g/cm^3，相对密实度约为 55%，因此选择相对密实度控制为 60% 的福建标准砂进行试验研究。表 2–2 和表 2–3 分别给出了试验土料的基本物性指标和颗粒级配表。

表 2–2　福建标准砂的基本物性指标

土料	比重	孔隙比		干密度 / (g/cm^3)	
		$e_{\max}$	$e_{\min}$	ρ_{dmax}	ρ_{dmin}
砂	2.65	0.853	0.522	1.74	1.43

表 2-3　福建标准砂颗粒级配

<0.075 mm	0.075~<0.25 mm	0.25~<0.50 mm	0.50~<2.0 mm	≥ 2 mm
0	30.3%	2.2%	61.7%	5.8%

采用空心圆柱的福建标准砂作为试样进行动强度试验，试验步骤如下。

①制样前，须对土料进行烘干处理，将其放置在恒温箱中，温度保持在 105 ℃，持续时间为 24 h。制样时，根据土料的物性指标，需要准确地称量一定质量的砂土进行立样，确保得到可靠的试验结果。由于砂土在自然状态下具有较低的黏聚力，容易发生塌落现象，因此在进行立样之前需要在试验仪器上放置带有乳胶膜的成膜筒。取土装样如图 2-2 所示。

（a）安装成膜筒

（b）固定内膜和外膜

（c）分层装样

（d）试样制成

图 2-2　试样准备过程

②装样完毕后，首先施加约 20 kPa 的负压使土样能够自立，然后取下成

膜筒，完成立样。完成内外腔注水后，同时施加约 30 kPa 的围压于内外腔。最后撤销之前施加的 20 kPa 负压，以确保空心圆柱土样在 30 kPa 围压下保持自立。

③试验采用的是饱和方法，其中包括通 CO_2、通无气水和施加反压三个过程。首先，在 30 kPa 围压下，通过通入 CO_2 气体 30 min 的方式，使土样得到 CO_2 饱和处理。然后，采用自下而上通水 30 min 的方式，将无气水注入土样中。最后，在土样内施加 200 kPa 的反压，以实现反压饱和。

④通过增加围压到所需的值，并记录孔隙水压力增量 Δu 和围压增量 Δp，来测定孔压参数 B（$B=\Delta u/\Delta p$）。计算出试验测定的孔压参数 B 均大于 95%，即可判定土样已达到饱和状态。

⑤饱和过程结束后，打开排水阀门，土样需要经过 30 min 的排水固结。在此期间，同时监测土体的轴向位移和体变管内的排水量的变化。固结完成的判据是土体的轴向位移示数和体变管示数趋于稳定，不再发生显著变化。一旦固结完成，即可按照试验方案进行加荷试验。

由于在地震荷载作用下土体会发生受剪破坏，因此针对福建标准砂进行了纯扭剪循环动力试验。对所选定的试验土料，在初始固结比 K_c=1.0、1.5、2.0 的情况下进行了 9 组循环扭剪动强度试验，试验方案如表 2–4 所示。

表 2–4　动强度试验方案

相对密实度	输入频率	试样编号	K_c 值	有效围压 / kPa	B 值
60%	0.1 Hz	CU1	1.0	100	0.970
		CU2		200	0.952
		CU3		300	0.957
		CU4	1.5	100	0.980
		CU5		150	0.960
		CU6		200	0.959
		CU7	2.0	100	0.976
		CU8		150	0.950
		CU9		200	0.963

试验过程中的加载频率 f=0.1 Hz，饱和度 B 值均达到 95% 以上，因此可认定土体达到饱和状态。在循环扭剪动强度试验中，选择适当的破坏标准对

于获得准确的结果至关重要。谢定义[6]的研究提出了多种破坏标准，包括应变标准、孔压标准、极限平衡标准和屈服标准。应变标准是当土体达到预定的破坏应变时视为破坏，孔压标准则是以动孔隙水压力达到一定程度为破坏标准，通常选择动孔隙水压力达到稳定时判定土体破坏。极限平衡标准将土体达到极限平衡条件作为破坏标准，而屈服标准是以土体在动荷载作用下变形急速转陡为破坏标准。考虑到本次研究关注的是超孔隙水压力对土体强度的影响，选择了孔压标准。具体来说，将判定土体破坏的条件设定为动孔隙水压力达到稳定。之所以选择这个标准，是因为它能够让人准确观察到随着循环加载的进行，土体内部孔隙水压力的变化情况，从而判断土体的破坏状态。

2.1.3 试验结果及分析

图 2–3 展示了在不同有效围压下进行 CU1、CU2 和 CU3 试验的饱和砂土中，超孔隙水压力随剪切荷载的变化情况。通过观察可以发现，当施加的

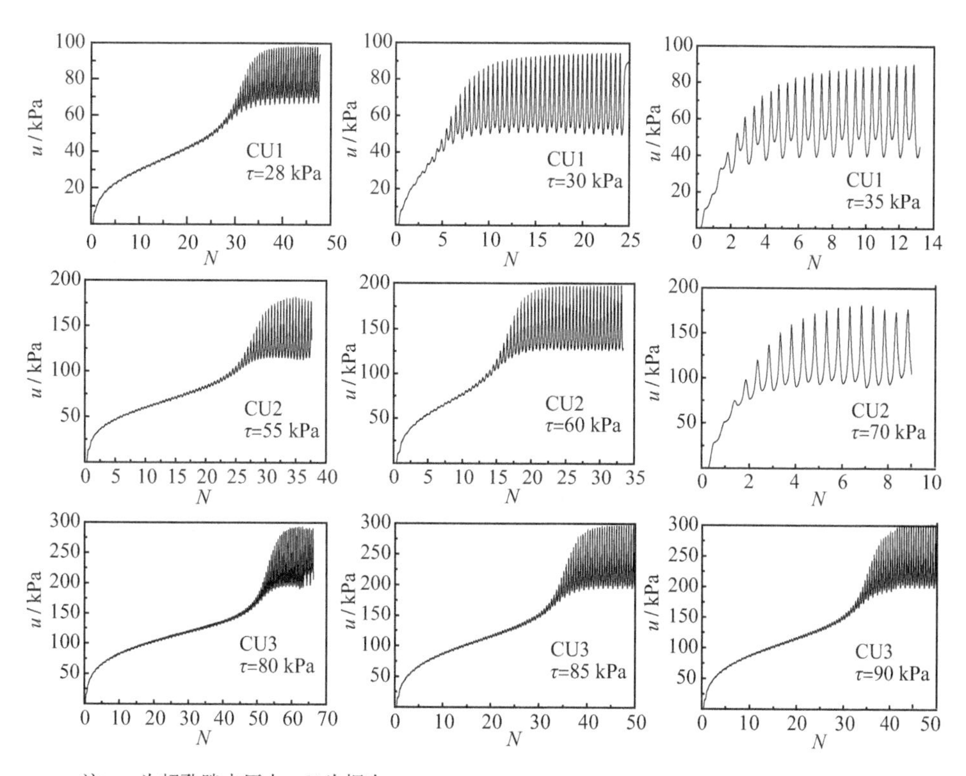

注：u 为超孔隙水压力；N 为振次。

图 2–3　均等固结下的孔压时程曲线

剪应力逐渐增大时，超孔隙水压力的发展速度加快，试样需要的循环剪切振次也减少。以 CU1 试验为例，当施加剪应力分别为 28 kPa、30 kPa 和 35 kPa 时，需要进行的振次分别为 38 次、24 次和 11 次，才能达到孔压破坏标准。类似地，在 CU2 和 CU3 试验条件下，随着剪应力的增加，试样达到孔压破坏标准所需的振次也逐渐减少。这些试验结果表明，在相同围压条件下，较高的剪应力可以加速超孔隙水压力的发展，使试样更快地达到孔压破坏标准。这些结果为理解土体在循环加载条件下的力学行为提供了重要的试验数据和理论支持。

在均等固结条件下，不同有效围压和剪应力下的超孔隙水压力发展模式相似。当施加剪应力后，初始阶段超孔隙水压力迅速上升，这是由于土体颗粒之间的接触压力增加导致孔隙水被挤出。随后进入缓慢增长期，超孔隙水压力的增加速度减慢，这是因为土体颗粒之间的重新排列和孔隙水的重新分布。在此期间，超孔隙水压力的波动幅度较小，说明土体的固结作用正在发生。随着振次的增加，超孔隙水压力会急剧上升，并且波动幅度增大。这表明土体正处于临近破坏状态，超孔隙水压力的增加对土体的强度起到弱化作用。当超孔隙水压力达到初始有效围压的水平时，土体的强度完全丧失并发生破坏。

图 2–4 给出了饱和砂土在固结比 K_c=1.5 条件下由 CU4、CU5、CU6 试验（有效围压分别为 100 kPa、150 kPa、200 kPa）得到的超孔隙水压力时程曲线。由图可得，在 CU4 试验条件下剪应力为 33 kPa、40 kPa、45 kPa 时，达到孔压破坏标准所需要的振次分别为 50 次、31 次、10 次。在 CU5 试验条件下剪应力为 55 kPa、65 kPa、70 kPa 时，达到孔压破坏标准所需要的振次分别为 59 次、21 次、8 次。在 CU6 试验条件下剪应力为 75 kPa、85 kPa、95 kPa 时，达到孔压破坏标准所需要的振次分别为 65 次、41 次、10 次。

图 2–5 给出了饱和砂土在固结比 K_c=2.0 条件下由 CU7、CU8、CU9 试验（有效围压分别为 100 kPa、150 kPa、200 kPa）得到的超孔隙水压力时程曲线。在 CU7 试验条件下剪应力为 35 kPa、40 kPa、45 kPa 时，达到孔压破坏标准所需要的振次分别为 55 次、48 次、30 次。在 CU8 试验条件下剪应力为 57 kPa、60 kPa、65 kPa 时，达到孔压破坏标准所需要的振次分别为 90 次、65 次、35 次。在 CU9 试验条件下剪应力为 75 kPa、80 kPa、85 kPa 时，达到孔压破坏标准所需要的振次分别为 98 次、65 次、50 次。

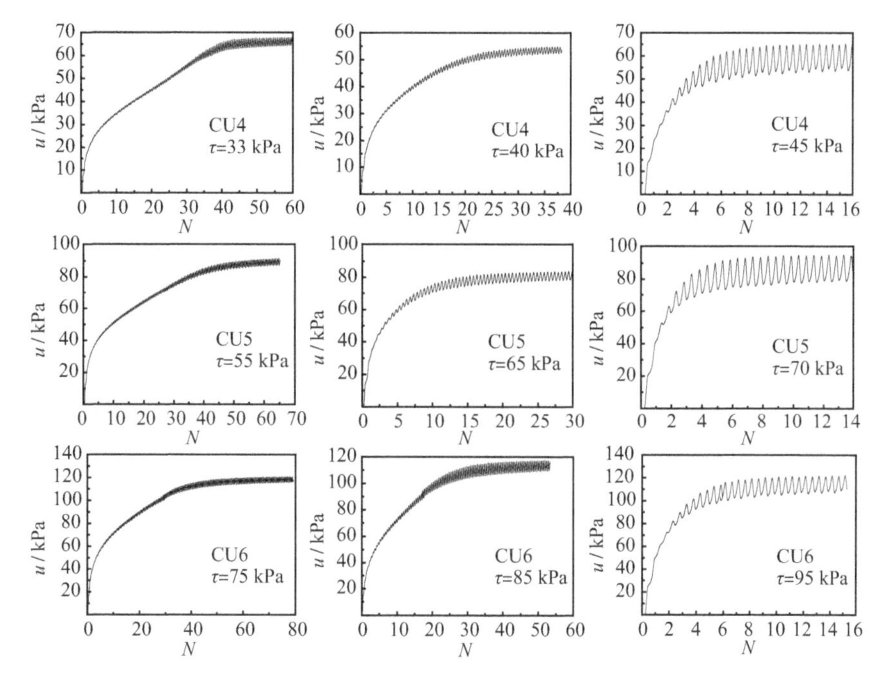

注：u 为超孔隙水压力；N 为振次。

图 2-4　K_c=1.5 条件下孔压时程曲线

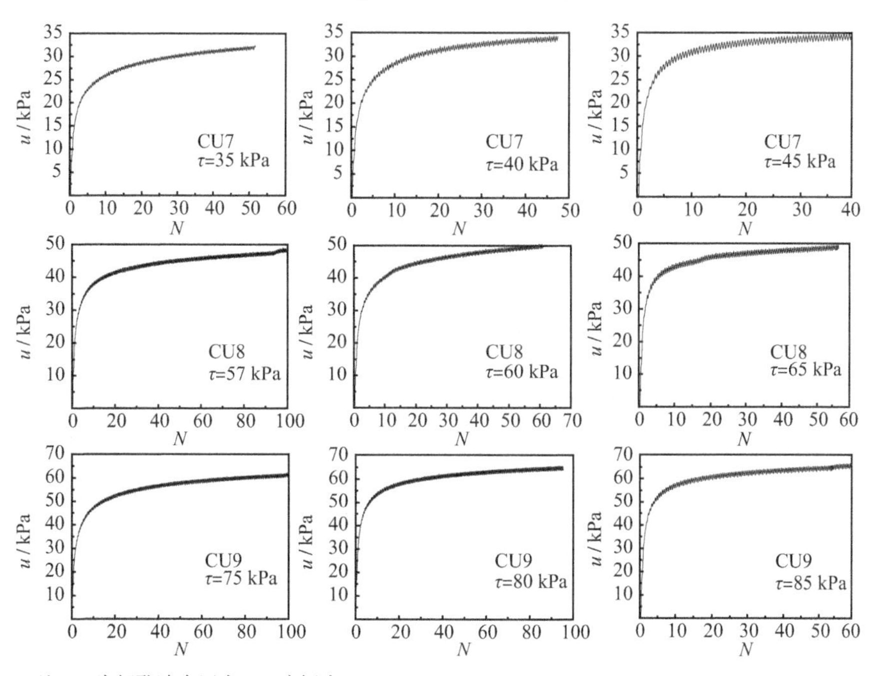

注：u 为超孔隙水压力；N 为振次。

图 2-5　K_c=2.0 条件下孔压时程曲线

根据图示结果，非均等固结条件下的试验过程中，超孔隙水压力的最大值无法达到初始有效围压。不同有效围压条件下的稳定超孔隙水压力值也不相同，有效围压越大，稳定超孔隙水压力值越高。在相同围压下，施加的剪应力越大，超孔隙水压力发展越快，达到孔压破坏标准所需的振次也越少。当土体达到相同振次的破坏标准时，随着围压值的增大，试验施加的剪应力也增大。

在固结比为 K_c=1.5 和 2.0 非均等固结条件下，孔压时程曲线的发展趋势相似。在初期超孔隙水压力上升较快，其波动幅度较小。随后，超孔隙水压力缓慢发展直至达到稳定值。随着振次的增加，超孔隙水压力的波动幅度迅速增加，但明显小于均等固结条件下的波动幅度。此外，曲线的发展趋势随固结比的变化也有一定差异，主要体现在最终稳定的超孔隙水压力值不同，固结比 K_c 越大，稳定超孔隙水压力值越低。

在非均等固结条件下，超孔隙水压力仍会削弱土体的强度。在相同固结比和围压下，超孔隙水压力越高，砂土强度的弱化程度越大，说明土体的强度降低越多，最终导致饱和砂土发生液化破坏。不同固结比下，土体发生液化破坏时的孔压比存在差异，固结比越大，土体达到破坏标准时相应的孔压比越小。在超孔隙水压力发展过程中，当孔压比达到一定值时，不同固结比下所对应的弱化状态也会有所不同，土体的弱化程度随固结比的增大而减小。

2.1.4 小结

本节首先详细介绍了竖向－扭转双向耦合剪切仪的设备组成和功能特性，并定义了空心圆柱试样的应力和应变参数，以便后续计算饱和砂土的动强度指标。根据试验目的，介绍了试验土样的制备过程和试验步骤，并提供了详细的试验方案。根据试验结果对均等固结和非均等固结条件下超孔隙水压力时程曲线的发展规律进行了分析，得出以下主要结论。

①在均等固结条件下，不同剪应力下超孔隙水压力的发展模式相似。随着施加的剪应力增加，超孔隙水压力的发展速度加快，试样达到孔压破坏标准所需振次减少。

②在非均等固结条件下，超孔隙水压力无法达到有效围压。不同剪应力下超孔隙水压力的发展模式相似，但与均等固结条件下的模式不同。不同有

效围压下，最终稳定的超孔隙水压力值也不同，有效围压越大，稳定的超孔隙水压力值越高。

③孔隙水压力时程曲线的发展趋势随固结比的改变而出现一定差异，主要表现在最终稳定的超孔隙水压力值不同。固结比 K_c 越大，稳定的超孔隙水压力值越低。

2.2 饱和砂土弱化参数的确定方法

在土体受到动力荷载作用时，超孔隙水压力会持续增加，直至发生液化。即使未完全液化，超孔隙水压力也会削弱土体的强度。这种现象被称为土体的弱化，为了区分于土体的动强度指标，不同弱化状态下的土体强度指标被称为弱化参数。本研究基于循环扭剪动强度试验，研究了不同弱化状态下饱和砂土的力学特性。分析砂土的弱化参数与孔压比（$R_u=u/p$，其中 u 表示超孔隙水压力，p 表示有效围压）之间的关系，可以为进一步进行弱化状态下桩土 p–y 关系的计算和桩基础设计提供重要的参考依据。

2.2.1 饱和砂土的强度参数计算分析

为了量化研究超孔隙水压力对饱和砂土的弱化效应并确定其弱化参数，本研究建立动强度曲线来求取饱和砂土的动强度指标。根据不同围压条件下的循环动力扭剪试验结果，按照孔压破坏准则，将剪应力 τ_d 与破坏循环振次 N 的对数分别作为纵、横坐标轴，绘制饱和砂土在不同固结比 K_c 下的剪应力和破坏循环振次的关系曲线，即动强度曲线，见图 2–6（a）~（c）。

从图 2–6 可以观察到，在相同循环振次下，不同围压条件下饱和砂土的剪应力不同，剪应力 τ_d 随围压的增加而增加。在对数坐标系中，剪应力 τ_d 与循环振次 N 成线性分布，且随着循环振次的增加而逐渐降低。这种结果可能是因为在较低围压条件下，砂土结构较为松散，颗粒间的空隙较大且接触不充分。在循环荷载的作用下，超孔隙水压力迅速上升，导致砂土内部有效应力急剧减小，从而引起液化破坏。而在较高围压条件下，砂土结构较为紧密，颗粒间的孔隙较小且接触更充分，使得砂土内部颗粒间的摩擦力增加。因此，在循环荷载的作用下，超孔隙压力需要克服颗粒间的摩擦力，故砂土不容易发生液化破坏。

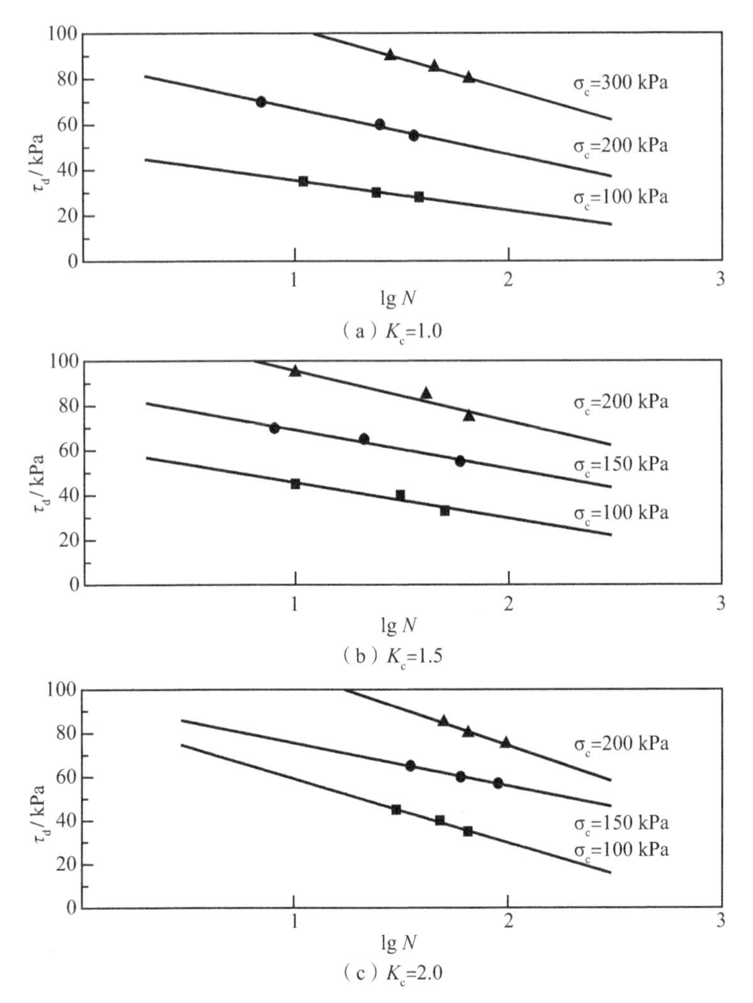

注：τ_d 为剪应力；N 为振次。

图 2-6　不同固结比下的动强度曲线

根据图 2-6 所示的动强度曲线，观察到当循环振次固定时，固结比值 K_c 的增加导致土体发生液化破坏所需的剪应力也增加。当施加在饱和砂土上的剪应力固定时，砂土的破坏振次随着固结比值的降低而减小。这种结果的产生可能是因为在不均匀固结条件下，施加在饱和砂土上的轴向力大于侧向围压。相较于均匀固结条件，剪应力的作用下，土体内部颗粒会相互滑移而趋于更加紧密，颗粒间的接触应力逐渐增大。尽管超孔隙水压力不断增加，但仍然难以克服颗粒间的接触应力，从而增加了土体的动强度。固结比值越大，这种作用就越明显。

根据上述动强度曲线，首先需要确定一定破坏振次 N 所对应的剪应力 τ_d，然后确定相应的动强度指标。以阳卫红等[7]人的研究为例，在研究红土的动强度特性时，采用了文献 [8] 提出的不同震级对应等效循环次数确定动应力的方法。根据当地抗震设防烈度确定等效循环振次，利用动强度曲线得到动应力，作出应力莫尔圆，确定土体的内摩擦角。根据《建筑抗震设计规范》，假设当地的抗震设防烈度为 7 度，等效循环振次取为 12 次。在均匀固结条件下，三轴试验土样的大主应力值 σ_{1f} 等于围压 p 与动应力的叠加（$\sigma_{1f}=p+\sigma_d$），小主应力值 σ_{3f} 等于围压 p。然而，在循环扭剪动强度试验中采用的空心圆柱土样中存在剪应力。通过不同固结比下的动强度曲线，根据等效循环振次 12 次确定相应的剪应力 τ_d，并将其代入，可以得到饱和砂土的大小主应力 σ_{1f} 与 σ_{3f}。根据这些数据，可以绘制应力莫尔圆，如图 2-7 所示，并进一步得到在不同固结比下饱和砂土的动强度指标。

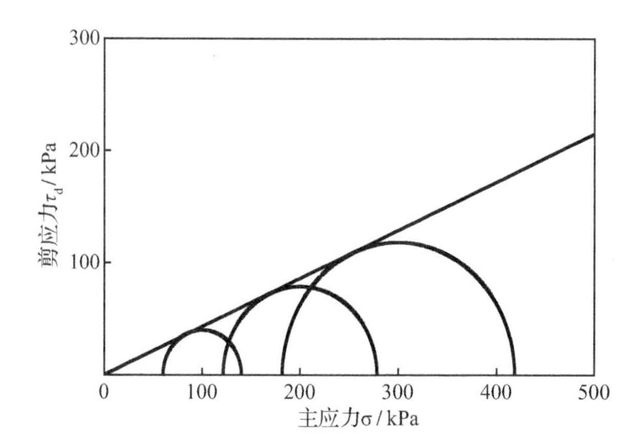

图 2-7　应力莫尔圆与抗剪强度包线

根据破坏莫尔应力圆和库仑强度线的几何关系，可得：

$$\sin\varphi=\frac{\left(\sigma_{1f}-\sigma_{3f}\right)/2}{\left(\sigma_{1f}+\sigma_{3f}\right)/2+c\cdot\cot\varphi} \tag{2-1}$$

式中：σ_{1f} 为砂土处于极限平衡状态时的最大主应力，σ_{3f} 为砂土处于极限平衡状态时的最小主应力。由于试验土料选用的是砂土，以下假定土体黏聚力为 0，可由式（2-2）来计算土体的动强度指标[9]。

$$\sin\varphi=\frac{\sigma_{1f}-\sigma_{3f}}{\sigma_{1f}+\sigma_{3f}} \tag{2-2}$$

通过上述方法确定饱和砂土的动强度指标见表 2-5。由表中结果可知，不同固结比下饱和砂土的动强度指标明显不同，说明固结比对饱和砂土抗剪强度的影响比较大，随着固结比值的增大，饱和砂土的动强度指标变大。

表 2-5　饱和砂土的动强度指标

固结比 K_c	内摩擦角 φ
1.0	19.72°
1.5	24.54°
2.0	29.08°

2.2.2　饱和砂土的弱化参数计算分析

土体在从初始状态到液化状态过程中，超孔隙水压力逐渐发展，导致土体强度发生弱化，针对这一情况，采用类似的方法来计算土体的弱化参数。通过建立弱化参数曲线，确定振次 N 所对应的剪应力 τ_d，对饱和砂土的弱化参数进行确定。

本文的弱化参数曲线是指弱化状态下土体达到破坏标准时的振次与作用动应力之间的关系，根据某一弱化状态（一定孔压比 R_u）下饱和砂土中存在的超孔隙水压力值，确定出在动强度曲线中相应的振次，绘制饱和砂土的弱化参数曲线，如图 2-8 所示。

图 2-8（a）~（d）分别给出了饱和砂土在均等固结条件下孔压比 R_u 为 0.25、0.35、0.50、0.75 四种弱化状态的弱化参数曲线。由图可知，不同孔压比下的 τ_d-lg N 曲线呈现出相似的发展趋势，弱化参数曲线中剪应力 τ_d 与循环振次 N 在对数坐标系上成线性关系，并且剪应力值随着循环振次的增加而逐渐减小。在控制循环振次不变的情况下，饱和砂土在不同围压下的剪应力有所不同，且剪应力 τ_d 随着围压的增加而增大。

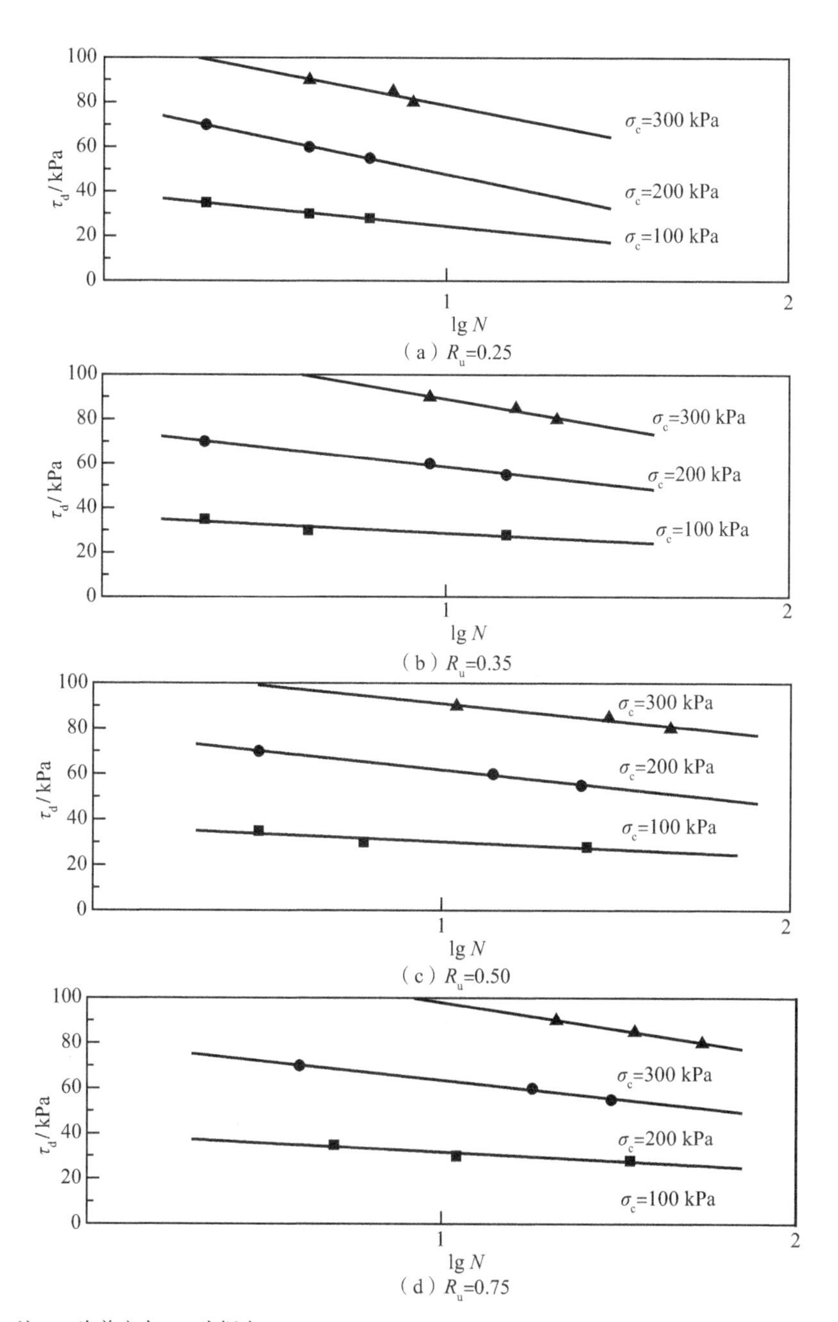

注：τ_d 为剪应力；N 为振次。

图 2-8　K_c=1.0 时不同孔压比的弱化参数曲线

图 2-9（a）~（b）和图 2-10（a）~（b）分别给出了饱和砂土在非均等固结 K_c=1.5 和 K_c=2.0 条件下的弱化参数曲线。由于在非均等固结条件下超孔

隙水压力始终达不到有效围压，所以只针对孔压比较小的两个弱化状态的结果进行研究。

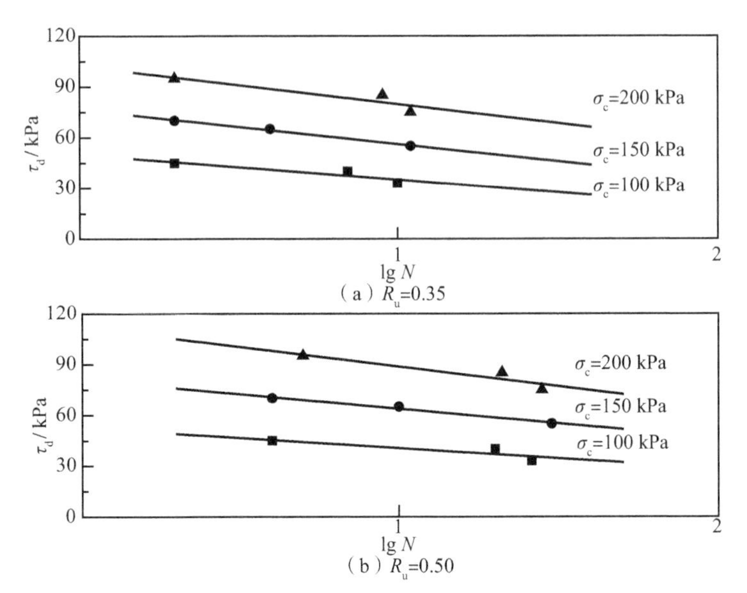

注：τ_d 为剪应力；N 为振次。

图 2-9　K_c=1.5 时不同孔压比的弱化参数曲线

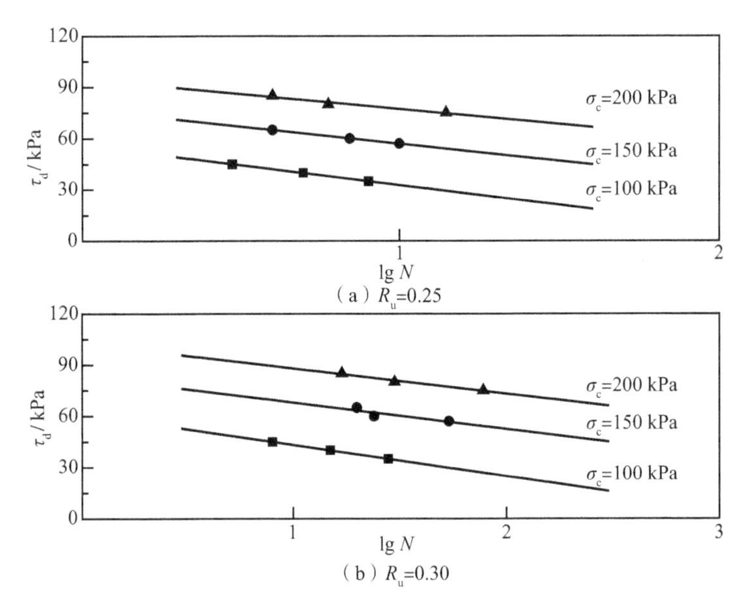

注：τ_d 为剪应力；N 为振次。

图 2-10　K_c=2.0 时不同孔压比的弱化参数曲线

根据饱和砂土的弱化参数曲线，可以确定一定振次 N 所对应的剪应力 τ_d，并通过计算得到相应的大小主应力 σ_{1f} 与 σ_{3f}。基于这些应力状态，可以绘制破坏应力莫尔圆，从而获得处于该弱化状态（具有固定孔压比 R_u）下的饱和砂土的弱化参数。此外，为了确定不同孔压比下饱和砂土的有效强度指标，首先根据上述方法计算出大小主应力 σ_{1f} 与 σ_{3f}，然后将两者均减去相应弱化状态下饱和砂土中存在的超孔隙水压力值 u_d，以获得有效应力的莫尔圆。

在等固结条件下，计算了孔压比 R_u 为 0.25、0.35、0.50、0.75 四种弱化状态下饱和砂土的弱化参数。根据文献 [8] 提出的方法，当孔压比较小时，可以通过不同震级对应的等效循环次数来确定动应力。根据当地的抗震设防烈度为 7 度，确定了当地的等效循环振次为 12 次。然而，当孔压比较大时，N 值的取值相应增大。例如，当 R_u=0.35 时，取 $\lg N$=2.0；当 R_u=0.50 时，取 $\lg N$=3.0；当 R_u=0.75 时，取 $\lg N$=4.0。由此可知，不同弱化状态下的饱和砂土层，N 值的取值差异明显。弱化程度越高的饱和砂土层，孔压比也越大，因此 N 的取值也越大。这可能与土体的强度有关，因为孔压比越大，土体的强度越低，即使承受较小的动应力，土体也很容易发生破坏。因此，在弱化参数曲线上，N 的取值较大。从抗震设防烈度的角度来看，同一区域的土体强度越低，抗震设防烈度就越低，对应的循环剪应力 τ_d 也就越小。这在弱化参数曲线上体现为 N 值的增大。相反，孔压比越小，土体的强度越大，该区域的抗震设防烈度越高，等效循环剪应力 τ_d 值也越大，因此 N 值也就越小。

对于非均等固结 K_c 为 1.5 和 2.0 的情况，由于超孔隙水压力始终达不到有效围压，所以只针对孔压比较小的两个弱化状态进行研究。当固结比 K_c 为 1.5 时，在孔压比 R_u=0.35、0.50 两种弱化状态下，$\lg N$ 分别取值为 2.0、3.0（两种弱化状态下 $\lg N$ 的取值与均等固结同等弱化状态下的 $\lg N$ 值相同），来计算这两种弱化状态所对应的饱和砂土弱化参数。同样，在 K_c 为 2.0 的条件下，当孔压比 R_u=0.25 时取 N=12，当 R_u=0.30 时取 $\lg N$=1.5，来计算这两种弱化状态对应的饱和砂土弱化参数。按照上述方法确定饱和砂土在不同弱化状态下的弱化参数，并计算相应的有效强度指标，结果如表 2–6 所示。

表 2-6　不同弱化状态下饱和砂土的弱化参数

固结比 K_c	孔压比 R_u	内摩擦角的试验值 φ	内摩擦角的理论值 φ'
1.0	0.25	13.75°	18.48°
	0.35	12.17°	18.93°
	0.50	9.89°	20.14°
	0.75	4.28°	17.39°
1.5	0.35	16.17°	22.81°
	0.50	14.56°	24.78°
2.0	0.25	24.09°	29.33°
	0.30	24.64°	31.41°

由表 2-6 可知，同一固结比下，饱和砂土的弱化参数随着孔压比的增大而减小，说明土体的抗剪能力逐步下降；而有效强度指标在同一固结比下基本一致，说明孔压比对饱和砂土有效强度指标的影响不大。同一孔压比下，饱和砂土的弱化参数基本上呈现随着固结比的增大而变大的规律。略有不同的是，在固结比 K_c=2.0、孔压比 R_u=0.30 状态下，饱和砂土的弱化参数相比孔压比 R_u=0.25 的结果略微增大，可能是由于这两种弱化状态比较接近，两者的弱化参数差值较小，是由试验操作和误差等原因导致的。另外，研究发现，不同固结比下同一个弱化状态，确定剪应力所需要的循环振次 N 值是相同的，说明固结比对循环振次的取值影响并不大。

2.2.3　饱和砂土弱化参数的理论公式

通过循环扭剪动强度试验和以上方法，可以获得处于不同弱化状态下的饱和砂土的弱化参数。此外，可以基于复杂应力条件下的应力关系以及有效应力原理，从理论上建立不同弱化状态下饱和砂土弱化参数与孔压比之间的数学关系，并通过考虑孔压比和土体有效强度指标，计算相应弱化状态下饱和砂土的弱化参数。根据图 2-11 所示的破坏莫尔应力圆和库仑强度线的几何关系以及莫尔 - 库仑强度理论，在砂土处于极限平衡状态时，有效强度指标与有效应力存在公式（2-3）的关系。

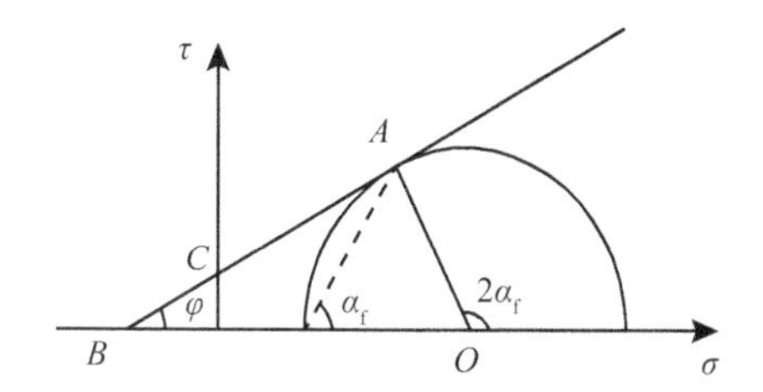

图 2-11　破坏莫尔应力圆与库仑强度线

$$\sin\varphi' = \frac{\sigma_{1f}' - \sigma_{3f}'}{\sigma_{1f}' + \sigma_{3f}'} = \frac{\sigma_{1f} - \sigma_{3f}}{\sigma_{1f} + \sigma_{3f} - 2u} \tag{2-3}$$

式中：σ_{1f} 和 σ_{3f} 为极限平衡条件下的最大主应力和最小主应力；σ_{1f}' 和 σ_{3f}' 为极限平衡条件下有效大主应力和小主应力。在均等固结条件下，得到土体的最大和最小主应力 σ_{1f} 和 σ_{3f}，见公式（2–4）、（2–5）和（2–6）。

$$\sigma_{1f} = \frac{\sigma_z + \sigma_\theta}{2} + \sqrt{\left(\frac{\sigma_z - \sigma_\theta}{2}\right)^2 + {\tau_d}^2} = p + \tau_d \tag{2-4}$$

$$\sigma_{3f} = \frac{\sigma_z + \sigma_\theta}{2} - \sqrt{\left(\frac{\sigma_z - \sigma_\theta}{2}\right)^2 + {\tau_d}^2} = p - \tau_d \tag{2-5}$$

$$\tau_d = \frac{12M}{p\left(D^3 - d^3\right)} \tag{2-6}$$

式中：p 为空心圆柱土体的围压（内压和外压相等），τ_d 为施加在土样上的剪应力。已知孔压比 $R_u = u/p$，根据破坏莫尔应力圆和库仑强度线的几何关系，可推导以下公式：

$$\sin\varphi_t = \frac{\sigma_{1f} - \sigma_{3f}}{\sigma_{1f} + \sigma_{3f}} = \frac{(p+\tau_d)-(p-\tau_d)}{(p+\tau_d)+(p-\tau_d)} = \frac{\tau_d}{p} \tag{2-7}$$

$$\begin{aligned}\sin\varphi' &= \frac{\sigma_{1f}' - \sigma_{3f}'}{\sigma_{1f}' + \sigma_{3f}'} = \frac{(\sigma_{1f}-u)-(\sigma_{3f}-u)}{(\sigma_{1f}-u)+(\sigma_{3f}-u)} = \frac{\sigma_{1f} - \sigma_{3f}}{\sigma_{1f} + \sigma_{3f} - 2u} \\ &= \frac{(p+\tau_d)-(p-\tau_d)}{(p+\tau_d)+(p-\tau_d)-2u} = \frac{\tau_d}{p-u} = \frac{\tau_d / p}{1-u/p} = \frac{\sin\varphi_t}{1-R_u}\end{aligned} \tag{2-8}$$

由此建立均等固结条件下饱和砂土弱化参数 φ_t 与孔压比 R_u 之间的数学关系式，如式（2–9）所示：

$$\varphi_{\mathrm{t}}=\arcsin\left[\left(1-R_{\mathrm{u}}\right)\sin\varphi'\right] \tag{2-9}$$

由于在不同应力状态下，土体的有效强度指标 φ' 基本保持不变[10]，都接近孔压比为 0 时的动强度指标，因此可以依据有效强度指标和孔压比值，通过式（2–8）来计算任意弱化状态下饱和砂土的弱化参数 φ_{t}。同理，可得到非均等固结条件下土体弱化参数求解的理论公式。例如，在固结比 K_{c} 为 1.5 的情况下，饱和砂土弱化参数的推导过程如下：

$$\sin\varphi=\frac{\sigma_{1\mathrm{f}}-\sigma_{3\mathrm{f}}}{\sigma_{1\mathrm{f}}+\sigma_{3\mathrm{f}}}=\frac{\sqrt{\left(p/4\right)^{2}+\tau_{\mathrm{d}}^{2}}}{1.25p} \tag{2-10}$$

$$\sigma_{1\mathrm{f}}=1.25p+\sqrt{\left(p/4\right)^{2}+\tau_{\mathrm{d}}^{2}} \tag{2-11}$$

$$\sigma_{3\mathrm{f}}=1.25p-\sqrt{\left(p/4\right)^{2}+\tau_{\mathrm{d}}^{2}} \tag{2-12}$$

结合式（2–10）、（2–11）和（2–12），并将其代入式（2–3），可得饱和砂土在固结比 K_{c}=1.5 下土体弱化参数的理论公式：

$$\varphi_{\mathrm{t},1.5}=\arcsin\left[\left(1-R_{\mathrm{u}}/1.25\right)\sin\varphi'\right] \tag{2-13}$$

同理，饱和砂土在固结比 K_{c}=2.0 下，土体的弱化参数推导理论公式如下：

$$\sin\varphi=\frac{\sigma_{1\mathrm{f}}-\sigma_{3\mathrm{f}}}{\sigma_{1\mathrm{f}}+\sigma_{3\mathrm{f}}}=\frac{\sqrt{\left(p/2\right)^{2}+\tau_{\mathrm{d}}^{2}}}{1.5p} \tag{2-14}$$

$$\sigma_{1\mathrm{f}}=1.5p+\sqrt{\left(p/2\right)^{2}+\tau_{\mathrm{d}}^{2}} \tag{2-15}$$

$$\sigma_{3\mathrm{f}}=1.5p-\sqrt{\left(p/2\right)^{2}+\tau_{\mathrm{d}}^{2}} \tag{2-16}$$

结合式（2–14）、（2–15）和（2–16），并将其代入式（2–3），可得在固结比 K_{c}=2.0 下土体弱化参数的理论公式：

$$\varphi_{\mathrm{t},2.0}=\arcsin\left[\left(1-R_{\mathrm{u}}/1.5\right)\sin\varphi'\right] \tag{2-17}$$

由上述式（2–9）、（2–13）和（2–17）可以看出，砂土在不同弱化状态下的弱化参数 φ_{t}，都可以通过相应的孔压比 R_{u} 和土体的有效强度指标 φ' 来确定。将饱和砂土的有效强度指标 φ' 代入式中，可以计算不同固结条件下以及任意孔压比下土体的弱化参数 φ_{t}。表 2–7 给出了由试验方法和理论方法计算得到的不同弱化状态下饱和砂土弱化参数的对比数据。由表可得，由理论公式计算得到的土体弱化参数 φ_{t} 与试验得到的结果差别不大。

表 2-7　不同弱化状态下饱和砂土的弱化参数

固结比 K_c	孔压比 R_u	内摩擦角的试验值 φ	内摩擦角的理论值 φ_t
1.0	0.25	13.75°	14.65°
	0.35	12.17°	12.67°
1.0	0.50	9.89°	9.71°
	0.75	4.28°	4.84°
1.5	0.35	16.17°	17.40°
	0.50	14.56°	14.43°
2.0	0.25	24.09°	23.89°
	0.30	24.64°	22.88°

2.2.4　小结

本节通过开展循环扭剪动强度试验，绘制出不同孔压比 R_u 条件下的动强度曲线，并据此获得饱和砂土的动强度指标。随后，根据饱和砂土动强度指标的求取方法，确定了不同弱化状态下土体的弱化参数。利用有效应力原理，建立了弱化状态下土体弱化参数与孔压比 R_u 之间的数学关系。通过对动强度曲线和弱化参数曲线的分析，以及对饱和砂土弱化参数的研究，得出了以下主要结论。

①在非均等固结条件下，当循环振次相同时，固结比值 K_c 的增加导致土体发生液化破坏所需的剪应力 τ_d 增加。当施加给土样的剪应力 τ_d 达到一定值时，砂土的破坏振次随固结比值的降低而减小。

②在相同固结比下，饱和砂土的内摩擦角随孔压比的增加而减小，而有效应力指标基本一致，表明孔压比对饱和砂土的有效强度指标影响较小。在相同孔压比下，饱和砂土的内摩擦角和有效内摩擦角随固结比的增加而增大。

③基于莫尔－库仑强度理论和有效应力原理，建立了不同弱化状态下饱和砂土弱化参数与孔压比 R_u 之间的数学关系，并根据饱和砂土的有效强度指标和孔压比来计算任意弱化状态下土体的弱化参数。此外，理论公式和试验方法计算得到的土体弱化参数之间的差异较小。

2.3 强度弱化条件下的桩土相互作用

水平荷载作用下桩土相互作用 $p\text{–}y$ 曲线的构建受到多种因素的作用，比如土体强度、桩径、超孔隙水压力等。在动力荷载作用下，土体因为超孔隙水压力的存在而发生强度弱化，也势必会导致土体对桩身水平抗力的降低。基于文献 [11] 提出构建 $p\text{–}y$ 曲线的楔形体法，并对楔形体理论模型进行改进，推导浅层处极限土抗力的表达式，结合饱和砂土的弱化参数，得到不同孔压比下的极限土抗力，进而构造弱化状态下饱和砂土地基中桩土相互作用 $p\text{–}y$ 曲线[12]。

2.3.1 砂土地基中的 $p\text{–}y$ 曲线计算模型

在美国石油协会关于海洋结构物设计规范 API RP 2A 中给出了浅层砂土的水平极限土抗力表达式，见式（2–18）；深层砂土的水平极限土抗力可由式（2–19）确定。

$$P_{\mathrm{us}} = \left(C_1 \times H + C_2 \times D\right) \times \gamma \times H \tag{2–18}$$

$$P_{\mathrm{ud}} = C_3 \times D \times \gamma \times H \tag{2–19}$$

式中：P_u 为土层某一深度处的极限土抗力（kN/m）（下标 s 表示浅层，下标 d 表示深层）；γ 为土体有效重度（kN/m^3）；H 为土层表面以下某一深度（m）；D 为桩径（m）；系数 C_1、C_2、C_3 可通过图 2–12 取值。

要确定任意深度 H 处的极限土抗力，首先通过式（2–18）和（2–19）分别确定浅层土与深层土的极限土抗力 P_{us} 和 P_{ud}；如果计算结果 $P_{us}<P_{ud}$，则该深度 H 处的极限土抗力确定为 P_{us}；若计算结果 $P_{us}>P_{ud}$，该深度 H 处的极限土抗力确定为 P_{ud}。将上述确定的极限土抗力 P_u 代入表达式（2–20），可以确定砂土层桩土相互作用的 $p\text{–}y$ 曲线：

$$p = A \times P_{\mathrm{u}} \times \tanh\left(\frac{k \times H}{A \times P_{\mathrm{u}}} \times y\right) \tag{2–20}$$

式中：A 为修正系数，循环荷载下 A=0.9，静力荷载下 A=（3.0–0.8H/D）≥ 0.9；P_u 为深度 H 处的极限土抗力（kN/m），且 P_u 取 P_{us} 和 P_{ud} 之间的最小值；k 为初始地基反应模量（kN/m^3），可通过图 2–13 取值；H 为土层表面以下某一深

度（m）；y 为土层某一深度处的桩身位移（m）。

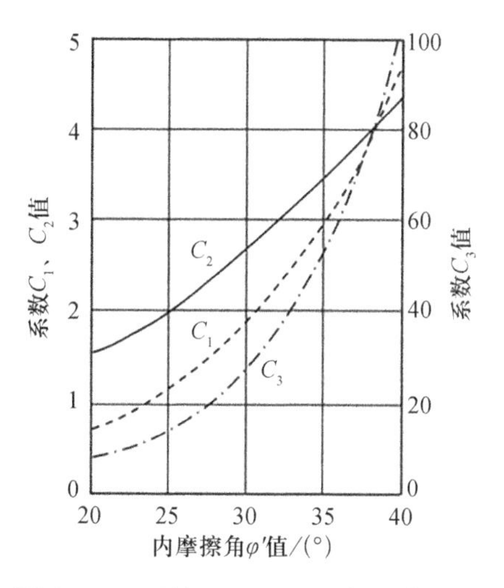

图 2-12　系数 C_1，C_2，C_3 与 φ' 关系图

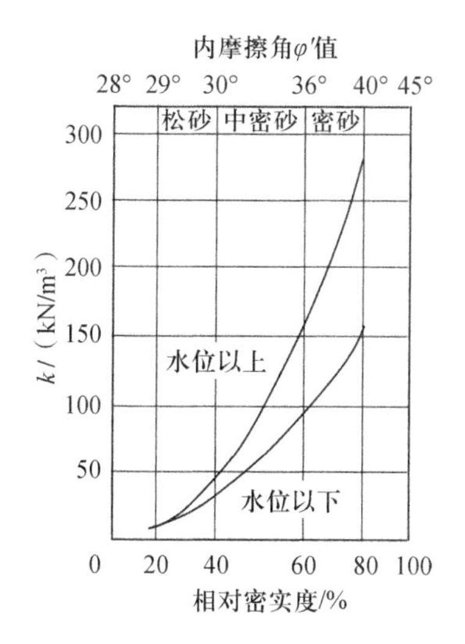

图 2-13　k 与相对密实度关系图

根据 1974 年文献 [11] 的研究，通过现场桩土相互作用试验发现，当横向受荷桩的桩身发生侧向位移时，桩前土受到桩身位移的影响而形成了一个棱锥状的土楔体，参见图 2-14。基于这一发现，提出了采用楔形体理论模型来计算浅层土体的极限土抗力，采用绕桩流动理论模型来计算深层土体的极限土抗力。

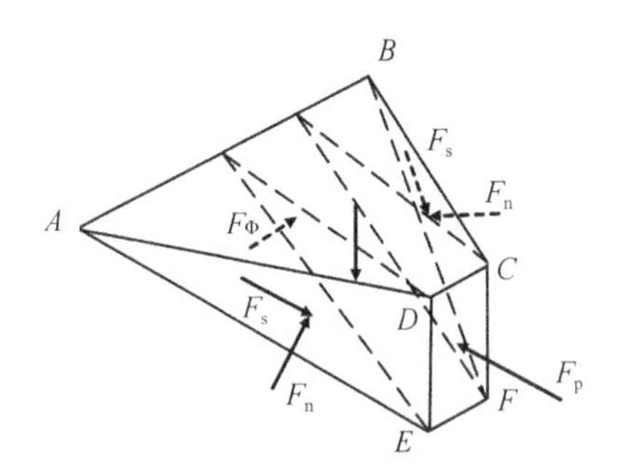

图 2-14　Reese（里斯）建议的破坏模式

基于浅层土处桩前形成的棱锥式楔形体理论模型，不同土层深度处的极限土抗力可由式（2-21）计算得到：

$$P_{us}=\psi_A\{\gamma x[K_0\frac{x}{B}\cdot\frac{\tan\varphi\cdot\sin\beta}{\tan(\beta-\varphi)\cdot\cos\alpha}+\frac{\tan\beta}{\tan(\beta-\varphi)}\left(1+\frac{x}{B}\tan\beta\tan\alpha\right)$$
$$+K_0\frac{x}{B}\tan\beta\left(\tan\varphi\cdot\sin\beta-\tan\alpha\right)+K_a]\} \tag{2-21}$$

基于深层土处的绕桩流动模型，不同土层深度处的极限土抗力可由式（2-22）计算得到：

$$P_{ud}=\psi_A\cdot\gamma x[K_a\left(\tan^8\beta-1\right)+K_0\tan\varphi\tan^4\beta] \tag{2-22}$$

以上两式中：P_u 为土层某一深度处的极限土抗力（kN/m）（下标 s 表示浅层，下标 d 表示深层）；ψ_A 为试验修正系数，参照图 2-15 取值；γ 为土体有效重度（kN/m³）；x 为土层表面以下某一深度（m）；B 为桩径（m）；φ 为土

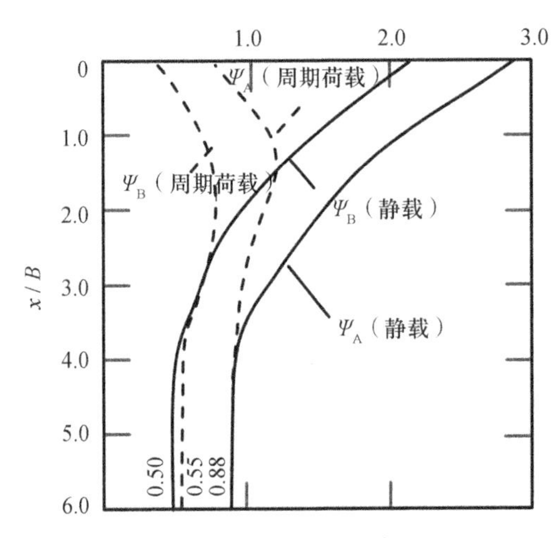

图 2-15　试验的调整系数 ψ_A，ψ_B

体内摩擦角；β 为被动破坏角，β=45° +φ/2；α 为地表破裂角，α=φ/2；K_0 为静止土压力系数（K_0=0.4）；K_a 为朗肯主动土压力系数，K_a=tan 2（45° −φ/2）。

要确定任意深度 x 处的极限土抗力，首先通过式（2−21）和（2−22）分别确定浅层土与深层土的极限土抗力 P_{us} 和 P_{ud}；如果计算结果 $P_{us}<P_{ud}$，则该深度 x 处的极限土抗力确定为 P_{us}，即按照浅层土处桩前土的理论模型对桩土相互作用问题进行计算；若计算结果 $P_{us}>P_{ud}$，该深度 x 处的极限土抗力确定为 P_{ud}，即按照深层土桩土相互作用的理论模型来进行计算。

桩前土体形成的两种理论模型所确定的极限土抗力 P_u，结合文献 [11] 提出的三段结构式法，即可构造饱和砂土桩土相互作用的 p−y 曲线。

图 2−16 给出了饱和砂土中三段结构形式的 p−y 曲线。从图中可以看出，p−y 曲线由 K、M、U 三点划分为四段，分别为直线段 OK，抛物线段 KM、直线段 MU 和水平直线 UU'。在 OK 阶段土体发生弹性变形，K 点之后土体发生弹塑性变形，K 点是土体弹性变形与弹塑性变形的临界点；土体变形达到 U 点，土体发生塑性破坏，U 点所对应的土抗力即为极限土抗力。发生塑性破坏 U 点处的土抗力 p 根据理论式（2−21）和（2−22）可求得任意深度处的极限土抗力，相应位移 y 与桩径 B 成正比。土体弹性变形临界点 K 和抛物线临界点 M 点处的 p、y 值，根据横山幸满[13]给出的理论公式可计算得到，详见表 2−8。

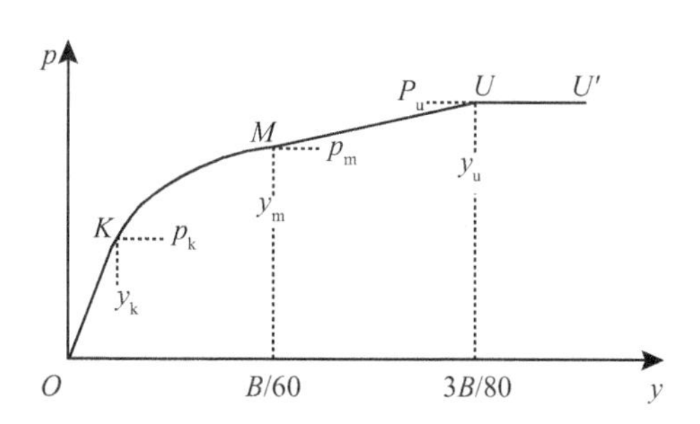

图 2−16　三段结构形式的 p−y 曲线

表 2−8　p−y 曲线中 U、M、K 点的值

	U 点	M 点	K 点
p	$P_u=\begin{cases}式(2-21)\\式(2-22)\end{cases}$	$p_m=P_u$（ψ_B/ψ_A）	$p_k=k_h y_k$
y	$y_u=3B/80$	$y_m=B/60$	$y_k=[p_m/(k_h y_m)^{1/n}]^{n/(n-1)}$

表 2–8 中：ψ_A、ψ_B 为试验修正系数，取值参照图 2–15；其中 $n=p_m(y_u-y_m)/[y_m(p_u-p_m)]$；$k_h$ 为初始地基反力系数。

图 2–16 中三段结构形式的 p–y 曲线由 K、M、U 三点划分为四段，该四段的方程分别如式（2–23）~ 式（2–26）所示，由此可依据极限土抗力 P_u 构造饱和砂土地基中桩土相互作用的 p–y 曲线。

直线 OK：
$$p = k_h \cdot y \tag{2–23}$$

抛物线 KM：
$$p = p_m\left(\frac{y}{y_m}\right)^{1/n} \tag{2–24}$$

直线 MU：
$$p = (y - y_m)\frac{P_u - p_m}{y_u - y_m} + p_m \tag{2–25}$$

直线 UU'：
$$p = P_u \tag{2–26}$$

2.3.2　强度弱化条件下的 p–y 曲线计算模型

基于通用大型有限元软件 ABAQUS 建立桩土有限元模型，研究横向受荷桩在发生侧向位移时引起的桩前土破坏模式。所采用的刚桩数据源自戚春香[10]的试验，桩长为 1.15 m，桩径为 0.042 m。在模型中，钢材选用弹性本构模型，等效弹性模量约为 84 GPa，密度为 7800 kg/m^3。对于地基土的建模，采用了莫尔 – 库仑本构模型。土体的半径和深度近似取为桩径的 20 倍，泊松比为 0.35。在入土深度为 1 m 范围内的土体，弹性模量为 10 MPa；而在入土深度超过 1 m 的范围内，土体的弹性模量为 15 MPa。此外，地基土的密度为 1800 kg/m^3，内摩擦角为 28°，黏聚力为 3 kPa。

在建立桩土有限元模型时，选择了弹性本构模型来描述桩体的力学行为，而采用莫尔 – 库仑本构模型来描述桩周土体的力学行为。在模型中，需要对接触区域进行适当的设置，以模拟桩体与土体之间的接触行为。为了正确地设置接触属性，首先需要确定主、从接触面的选择。一般而言，将弹性模量较大的部件上的接触面作为主面，将弹性模量较小的部件上的接触面作为从面，以确保计算过程的收敛性。在有限元模型中，所有接触面都采用面对面接触，土的摩擦系数取 0.4。使用六面体八节点线性减缩积分实体单元对桩基和土体进行网格划分，在桩基和土体表面上布置了适当大小的网格种子，尽可能使桩土模型的网格划分规整。网格划分的结果详见图 2–17。

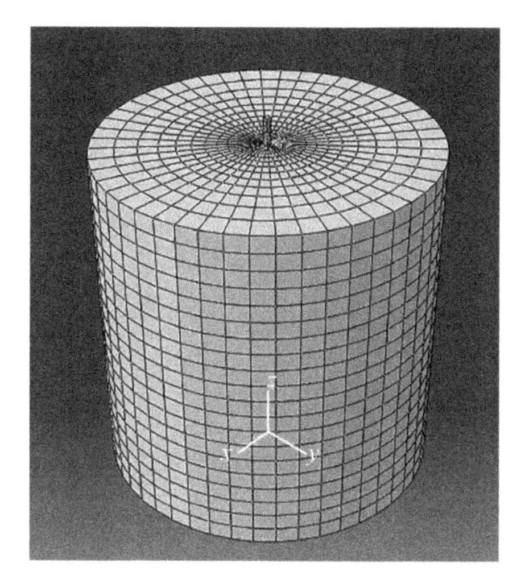

图 2-17　有限元模型网格图

戚春香[10]在桩土模型试验中，采用分级加荷的方法在桩顶施加水平荷载，荷载最大值为 3.5 kN。因此在桩体顶部沿着 x 轴的方向施加一个 1.0 kN 的集中荷载，研究在水平荷载作用下桩前土体的破坏模式。

将集中荷载 1.0 kN 换算为等效表面载荷，即将这个集中力平均分配到桩顶的表面，表面荷载大小约为 722 157 N/m^2，最后进行作业分析。由图 2-18（b）可知在桩体顶部位移最大，并沿着桩身向下位移逐渐减小，产生这种结果的原因可能是随着土体深度的增加，桩周土体对桩身作用力也会增加，桩身受到较大的约束从而不易发生移动。

由图 2-18（a）可知，桩身弯矩沿深度方向先增大后减小，并且离桩顶约 6~8 倍桩径处的桩身弯矩达到最大值。图 2-19（a）给出了土体表面的位移云图，发现土体表面形成的是近似圆的曲线状；图 2-19（b）给出了土体剖面的位移云图，从侧面看出桩前土体在桩身位移的压迫下，形成的是近似直线的形状。通过以上研究分析，桩基在承受水平荷载作用下，桩前土体形成的是一个圆锥式土楔体。

在研究弱化状态下饱和土体的桩土相互作用 p–y 曲线时，桩周土的极限土抗力 P_u 是非常关键的参数之一。假设当桩基承受水平荷载时，弱化土层的破坏模式与非弱化土层的破坏模式相同。在浅层土处，采用楔形体模型来描述破坏模式；在深层土处，采用绕桩流动模型来描述破坏模式。

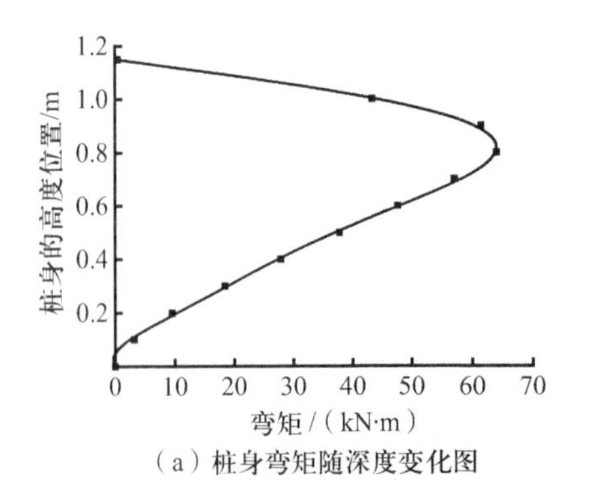

（a）桩身弯矩随深度变化图

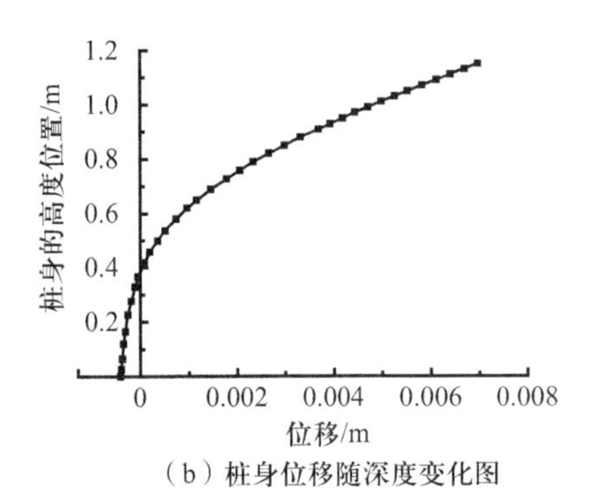

（b）桩身位移随深度变化图

图 2-18　桩身弯矩和位移图

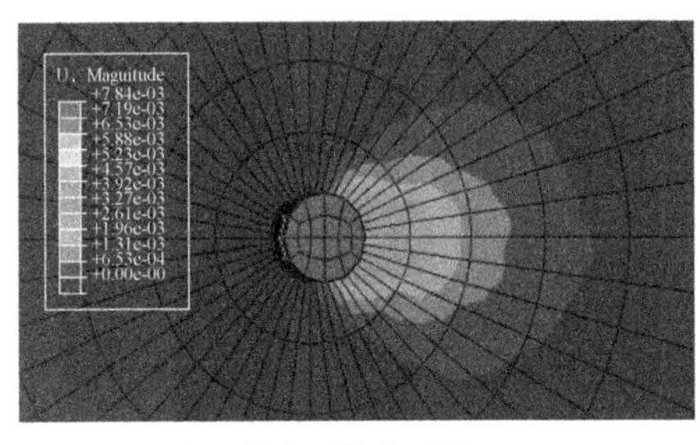

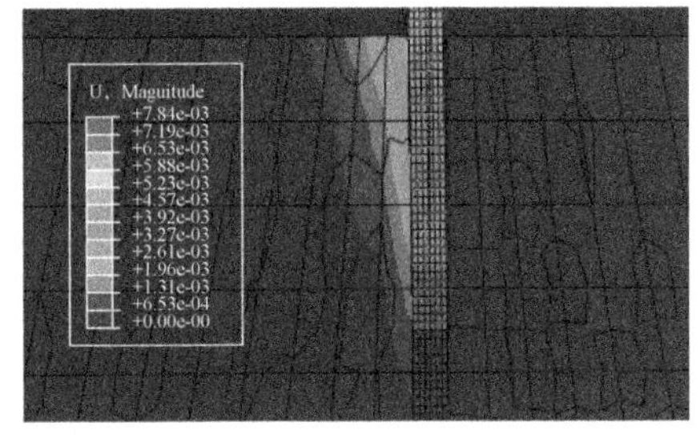

（a）土体表面位移云图

（b）土体剖面位移云图

图 2-19　土体位移云图（彩图见插页）

根据文献 [14] 的研究，浅层土中桩前土体的破坏模式与文献 [11] 所提出的情况不同。其破坏模式呈现为圆锥状土楔体，这与之前基于有限元模型得出的结论一致。然而，文献 [14] 的理论模型直接设定了楔形破坏体的高度，未考虑桩基础直径和土体参数对楔形破坏体高度的影响，因此无法直接用于计算不同深度处的极限土抗力。为了解决这个问题，基于圆锥式土楔体理论模型进行推导，考虑了桩基础直径和土体参数对楔形破坏体高度的影响。同时结合文献 [11] 在深层土中提出的破坏模型，得出了土体任意深度处桩土相互作用的极限土抗力理论公式。

首先针对浅层土中桩土相互作用的土体破坏模式进行分析研究。当桩周围的土层达到极限破坏状态时，桩前土体会形成一个圆锥式楔形破坏体，如图 2-20（a）所示。该楔形破坏体受到楔形体土重 dw、主动土压力 dP_a、被动土压力 dP_z、侧面作用的正应力 σ_n 和剪应力 τ 等外力的作用，如图 2-21 所示。

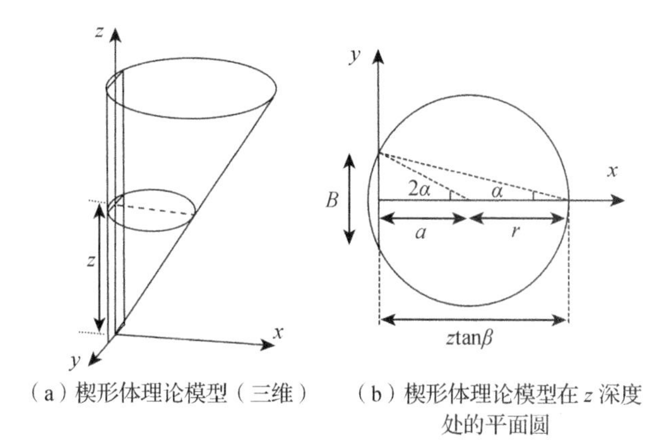

（a）楔形体理论模型（三维）（b）楔形体理论模型在 z 深度处的平面圆

图 2-20　圆锥式楔形体理论模型

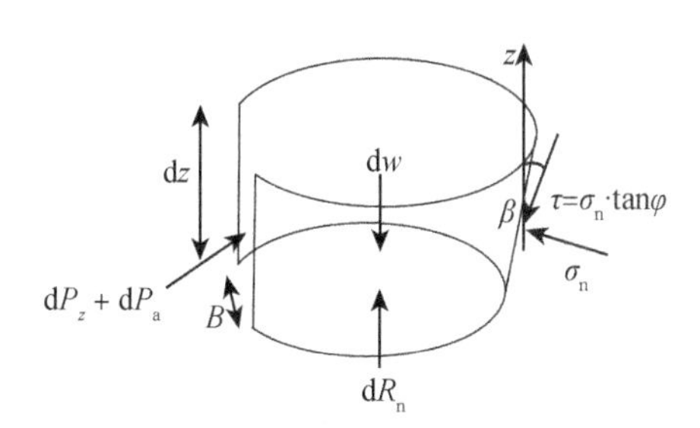

图 2-21　作用在楔形体单元上的力

图 2-20（b）的平面圆表达方程：

$$(x-a)^2+y^2=r^2 \tag{2-27}$$

对于圆锥式楔形体单元，其在 x 方向和 z 方向上的力平衡方程如下：

$$\mathrm{d}P_z+\mathrm{d}P_\mathrm{a}+\mathrm{d}F_\mathrm{P}\cos\theta_{nx}-\mathrm{d}F_\mathrm{ts}\sin\beta=0 \tag{2-28}$$

$$\mathrm{d}w-\mathrm{d}R_\mathrm{n}+\mathrm{d}F_\mathrm{ts}\cos\beta-\mathrm{d}F_\mathrm{P}\cos\theta_{nz}=0 \tag{2-29}$$

对于圆锥式理论模型 dz 微段上的单元体（如图 2-21 所示），其侧面受到的法向的正应力 σ_n 和切向的剪应力 τ 满足方程式（2-30）和（2-31）。

$$\mathrm{d}F_\mathrm{P}=\sigma_\mathrm{n}\mathrm{d}s=\sigma_\mathrm{n}\mathrm{d}z\int_0^{z\tan\beta}\sqrt{n_x{}^2+n_y{}^2+n_z{}^2}\,\mathrm{d}x \tag{2-30}$$

$$\mathrm{d}F_\mathrm{ts}=\tau\mathrm{d}s=\sigma_\mathrm{n}\tan\varphi\mathrm{d}s=\sigma_\mathrm{n}\tan\varphi\mathrm{d}z\times\int_0^{z\tan\beta}\sqrt{n_x{}^2+n_y{}^2+n_z{}^2}\,\mathrm{d}x \tag{2-31}$$

对于圆锥式楔形体单元，竖向作用的土体重力 $\mathrm{d}w$ 和反力 $\mathrm{d}R_\mathrm{n}$ 满足方程式（2-32）和（2-33）。

$$dw=\gamma dz\left[(\pi-2\alpha)r^2+\frac{Br\cos 2\alpha}{2}\right] \tag{2-32}$$

$$dR_n=\gamma dz\times\left[\frac{(\pi-2\alpha)x^2/2-3\sqrt{x}}{(1+\cos 2\alpha)^2}+\frac{3Bx\cos 2\alpha}{4\sqrt{1+\cos 2\alpha}}\right] \tag{2-33}$$

式中：γ 为土体重度，β 为楔形体角度。图 2–20（b）中圆锥式理论模型在 z 深度处平面圆的半径 r 和参数 α 通过式（2–34）和（2–35）计算得到。

$$r=\frac{z\tan\beta}{2}+\frac{B^2}{8z\tan\beta} \tag{2-34}$$

$$\alpha=\frac{1}{2}\arccos\left(\frac{a}{r}\right)=\frac{1}{2}\arccos\left(\frac{z\tan\beta-r}{r}\right) \tag{2-35}$$

联立方程（2–28）~（2–32）可求得楔形体微单元上的正应力 σ_n。

$$\sigma_n=(dw-dR_n)/[2dz(\int_0^{z\tan\beta}n_z dx-\tan\varphi\cos\beta\int_0^{z\tan\beta}\sqrt{{n_x}^2+{n_y}^2+{n_z}^2}dx)] \tag{2-36}$$

将 σ_n 代入方程式（2–37），即可得到饱和砂土在某一深度处的极限土抗力 P_{us}，式中的主动土压力 P_a 通过库仑理论可得：

$$P_{us}=\frac{dP_z}{dz}=2\sigma_n\times(\tan\varphi\sin\beta\int_0^{z\tan\beta}\sqrt{{n_x}^2+{n_y}^2+{n_z}^2}dx-\int_0^{z\tan\beta}n_x dx)-P_a \tag{2-37}$$

$$P_a=K_a\times B\gamma\times z \tag{2-38}$$

对于深层土中桩土相互作用的土体破坏模式，直接采用文献 [11] 假定的绕桩流动理论模型，根据式（2–22）计算土体极限抗力 P_{ud}。

在本节的研究中，φ 为弱化状态饱和砂土的内摩擦角。要确定任意深度 z 处的极限土抗力，首先通过式（2–37）和（2–22）分别确定浅层土与深层土的极限土抗力 P_{us} 和 P_{ud}，取 P_{us} 和 P_{ud} 的最小值即为该土层深度处的极限土抗力值。然后根据不同土层深度处的极限土抗力 P_u，结合文献 [11] 建议的三段结构式 p–y 曲线即可构造饱和砂土弱化状态下桩土相互作用的 p–y 关系曲线。

2.3.3 算例验证与分析

为了研究饱和砂土地基中的桩土相互作用在弱化状态下的特点，首先需要验证之前的理论推导。接下来，结合文献 [11] 的工程实例，应用前述理论进行计算和分析。最后，对比用本章方法和 API 规范公式计算得到不同弱化状态下的结果，来说明土体弱化对 p–y 曲线的影响。

基于戚春香[10]的桩土相互作用模型桩试验，模拟了饱和砂土中强度降低的弱化状态。试验中，通过施加反压实现在饱和土层中维持特定的孔压比，以此模拟振动荷载作用下饱和砂土的弱化状态。对不同弱化状态下的饱和砂土进行了单桩水平荷载模型试验。试验中使用的砂土重度为 9.0 kN/m^3，桩径为 0.042 m。在孔压比 R_u=0、0.25 条件下，对离地表 0.03 m、0.13 m、0.23 m 深度处的极限土抗力进行计算和分析，得到了相应的结果。具体数据可参见表 2–9。

表 2–9　不同孔压比下极限土抗力理论值与试验值

孔压比 R_u	深度 z/m	P_u 理论值 /（kN/m）	P_u 试验值 /（kN/m）
0	0.03	9.25	11.02
	0.13	16.81	18.02
	0.23	23.12	21.83
0.25	0.03	7.54	9.15
	0.13	12.19	12.96
	0.23	16.49	15.01

由表 2–9 给出的试验值 P_u 可知，极限土抗力 P_u 在同一定孔压比 R_u 下随着土层深度的增加而变大，说明土体对桩身的承载能力也随之提高；对于相同的土层深度处，极限土抗力 P_u 随着孔压比 R_u 值的增大而减小。此外，由本章理论计算的 P_u 值也呈现与试验值相同的规律。

采用弱化状态下桩土相互作用的 p–y 理论模型对处于饱和砂土地基中的桩基础与土的相互作用进行计算分析。以下案例取自美国控股发展公司在得克萨斯州野马岛进行的桩土相互作用现场试验，算例分析中桩土参数均取自实际工程。计算中采用浮重度 γ=5.92 kN/m^3 的中密砂，桩基础直径取 B=0.61 m，针对土层深度 z=1.83 m（3B）、3.05 m（5B）和 6.10 m（10B）处的极限土抗力 P_u 进行了计算，结果如表 2–10 所示。表 2–10 是在土体固结比 K_c=1.0 时不同的弱化状态下采用本章理论方法计算得到的极限土抗力值和通过规范公式计算的极限土抗力值。表 2–11 则分别给出了土体固结比 K_c=1.5 和 2.0 时不同弱化状态下的极限土抗力值。

表 2-10　均等固结条件下本章方法理论值与规范法计算值

K_c=1.0			
孔压比 R_u	深度 z/m	P_u 理论值 /（kN/m）	规范法 P_u 值 /（kN/m）
0	1.83	29.00	24.64
	3.05	54.63	57.27
	6.10	168.11	183.12
0.25	1.83	16.09	14.29
	3.05	27.95	32.29
	6.10	82.68	86.39
0.50	1.83	9.75	9.27
	3.05	15.4	20.55
	6.10	44.42	49.88

表 2-11　非均等固结条件下本章方法理论值与规范法计算值

K_c=1.5			
孔压比 R_u	深度 z/m	P_u 理论值 /（kN/m）	规范法 P_u 值 /（kN/m）
0	1.83	43.10	36.41
	3.05	84.97	86.40
	6.10	269.88	301.38
0.35	1.83	20.81	18.04
	3.05	37.55	41.25
	6.10	112.88	118.15
0.50	1.83	17.60	15.48
	3.05	31.02	35.14
	6.10	92.20	96.11
K_c=2.0			
0	1.83	60.48	51.74
	3.05	123.72	125.04
	6.10	403.17	444.12

续表

K_c=2.0			
孔压比 R_u	深度 z/m	P_u 理论值 /（kN/m）	规范法 P_u 值 /（kN/m）
0.25	1.83	41.62	35.14
	3.05	81.75	83.24
	6.10	258.70	289.79

由表 2-10 和表 2-11 可知，在同一固结比下不同的孔压比所对应的极限土抗力明显不同，并且极限土抗力在同一弱化状态（即相同孔压比 R_u）下随着土层计算深度的增加而变大；在相同的土层计算深度处，孔压比的增加会导致土体的弱化程度加剧，从而使得饱和砂土的极限土抗力值减小。换言之，横向受荷桩对饱和砂土的作用随着土体的弱化程度增加而减弱。此外，通过本章所采用的计算方法得到的极限土抗力值与规范计算结果存在较大差异。如果在设计中仍然采用规范提供的 p–y 曲线公式而不考虑土体强度弱化对桩身水平抗力的影响，可能会导致设计结果偏于危险。

弱化状态下饱和砂土地基中的桩基础和砂土之间的相互作用 p–y 曲线可根据极限土抗力 P_u 和三段结构式法来构造。针对土层深度 z=1.83 m（3B）、3.05 m（5B）和 6.10 m（10B）处不同弱化状态下的 p–y 曲线的结果进行了计算。图 2-22 是在土体固结比 K_c=1.0 时不同的弱化状态下的饱和砂土地基中桩土相互作用的 p–y 曲线。图 2-23 和图 2-24 则分别给出了土体固结比 K_c=1.5 和 K_c=2.0 时不同弱化状态下的 p–y 曲线。

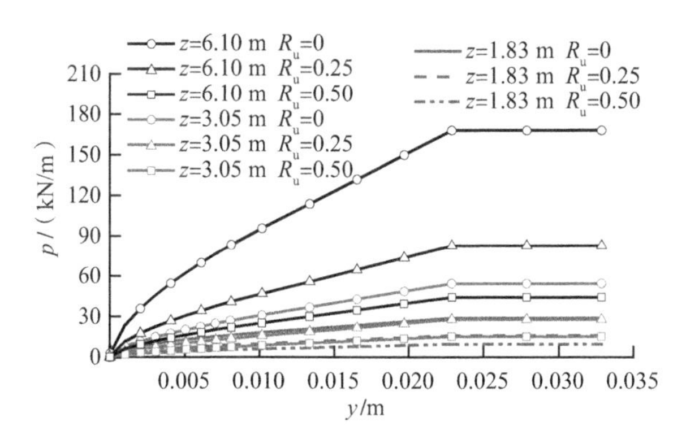

图 2-22　K_c=1.0 时饱和砂土地基中桩土相互作用的 p-y 曲线

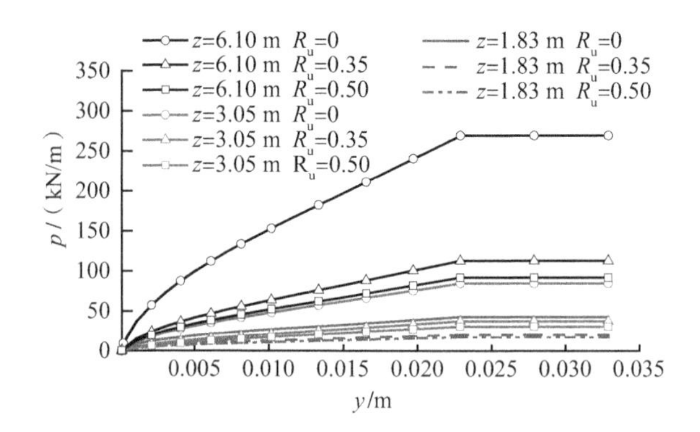

图 2-23　K_c=1.5 时饱和砂土地基中桩土相互作用的 p-y 曲线

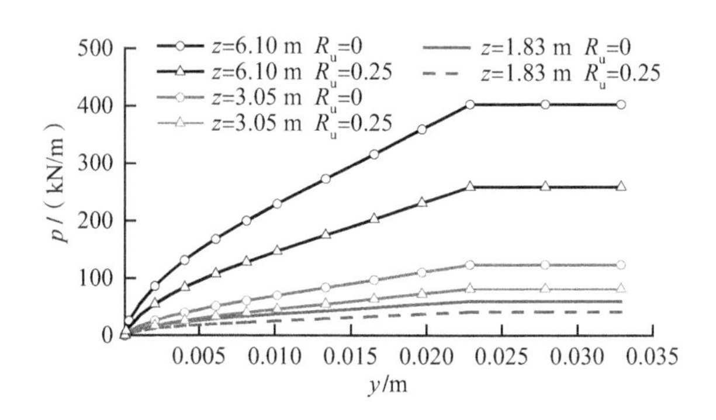

图 2-24　K_c=2.0 时饱和砂土地基中桩土相互作用的 p-y 曲线

由图 2-22 至图 2-24 可知，在同一固结比下相同土层计算深度处，处于弱化状态下的桩土相互作用 p–y 曲线会比非弱化状态下（R_u=0）的计算结果有所折减，并且弱化越严重的土层，其孔压比越大，相应 p–y 曲线折减程度也会增大；反之，土层中的孔压比越小，p–y 曲线折减程度也越小。在同一固结比 K_c 和相同弱化状态下，不同土层计算深度所对应的 p–y 曲线明显不同，其桩土相互作用的土抗力随着土层计算深度的增加而变大。另外，不同固结比下的桩土相互作用中的土抗力也有所不同，处于同一弱化状态下在相同土层计算深度处的土抗力随着固结比 K_c 的增大而增大。

2.3.4　小结

本节对文献 [11] 提出的构建 p–y 曲线的楔形体理论模型进行改进，推导土体极限土抗力公式，结合在不同孔压比下饱和砂土的弱化参数，得到了在不同弱化状态下的饱和砂土极限土抗力，最后根据三段结构式方法构造了弱化状态下饱和砂土桩土相互作用的 p–y 曲线。根据上述研究，可以得出以下结论。

①本节建立了三维有限元桩土模型，对在水平荷载作用下桩前土体破坏模式问题进行了研究。研究结果表明，桩基在承受水平荷载时，其顶部位移达到最大值，而沿桩身方向位移逐渐减小。此外，桩身的应力沿着深度方向呈现先增大后减小的变化趋势，存在一个最大应力值。桩身弯矩的变化规律与应力类似，也呈现出先增大后减小的趋势，并且在离桩顶 6~8 倍桩径处达到最大值。值得注意的是，与文献 [11] 提出的棱锥式楔形体模型不同，有限元模型的土体位移计算结果显示桩前土体形成了一个圆锥式的土楔体。

②当固结比取一定值时，不同孔压比下饱和砂土的弱化参数呈现明显差异，从而导致对桩身的极限土抗力产生不同的弱化效应。值得注意的是，随着孔压比的增大，饱和砂土的弱化参数逐渐减小。在相同的土层深度处，土体的弱化程度与孔压比成正相关，即土体弱化程度越严重，所对应的孔压比就越大，从而导致饱和砂土的极限土抗力值越小。在相同的弱化状态下，随着土层深度的增加，桩身所承受的极限土抗力也会增大。

③固结比对饱和砂土在横向受荷桩中的承载能力有显著影响。在相同的弱化状态和土层深度下，土抗力 p 随着固结比 K_c 的增大而增大。研究发现，在弱化状态下，桩土相互作用的 p–y 曲线会发生折减，这表明饱和砂土承受横向受荷桩的能力与土体的弱化程度相关。当饱和砂土的弱化程度更严重时，孔压比更大，土体的强度更低，因此饱和砂土对桩身抗力的弱化作用更显著，p–y 曲线的折减程度也更大。相反，当饱和砂土中的孔压比较小时，超孔隙水压力对土体强度的弱化作用较小，土体对桩身抗力的作用更强，因此 p–y 曲线的折减程度较小。在相同的固结比 K_c 和弱化状态下，不同土层计算深度所对应的 p–y 曲线也存在差异，土抗力 p 随着土层计算深度的增加而增大。

2.4　循环荷载作用下的桩土相互作用

在动力循环荷载作用下，饱和砂土中孔隙水压力不断上升，桩周土强度衰减，导致桩基的水平承载能力降低甚至发生破坏，而桩周土强度的衰减与循环振次和孔压比有关。因此，本节通过分析动力循环荷载作用下，饱和砂土抗剪强度随循环振次和孔压比的变化规律，建立与循环振次和孔压比有关的土体强度理论公式，描述孔压比和循环振次对桩周土抗力和桩土相对位移的影响，将其引入动力 p–y 曲线模型中，从而得到动力循环荷载作用下饱和砂土液化过程中的动力 p–y 骨干曲线，进行桩－土相互作用分析。

2.4.1 极限土抗力的理论计算

1. 饱和砂土液化极限土抗力公式

根据有效应力原理，在动荷载作用下饱和砂土发生液化后，其有效应力降为零，土体失去抗剪能力。然而，文献 [15] 针对饱和砂土开展不排水循环三轴试验发现，饱和砂土在发生液化后仍有一定抗剪能力。本节将饱和砂土液化后的抗剪强度定义为土体残余强度 τ_r，其值等于动荷载作用下土体的最大剪应力 τ_{max}[16]。采用文献 [16] 提出的极限土抗力和最大剪应力关系进行分析，如式（2–39）所示。

$$p_u = N_s \tau_{max} d \quad (2-39)$$

式中：d 为桩径；N_s 为比例因子，其值取决于桩土接触面，如钢筋桩的光滑接触面取 9.2，混凝土桩的粗糙接触面取 11.94。

最大剪应力 τ_{max} 的值也可以通过文献 [17] 提出的计算等效循环应力比与抗液化强度的简化分析法确定，如式（2–40）所示。

$$\mathrm{CSR} = \frac{\tau_d}{\sigma_v'} = 0.65\frac{\tau_{max}}{\sigma_v'} \quad (2-40)$$

式中：CSR 为循环应力比；τ_d 为动剪应力，等效为 $0.65\tau_{max}$；σ_v' 为初始有效围压。

在循环三轴和循环扭剪试验中，一般通过动强度曲线来确定不同循环振次下的动剪应力。文献 [15] 在各向同性固结试样条件下针对饱和砂土进行了循环三轴试验。研究发现，循环应力比与循环振动次数成对数关系。文献 [18] 对不同细粒含量的饱和砂土进行了循环剪切试验，结果显示循环应力比和循环振次呈现指数型变化。文献 [19] 针对饱和砂土开展不同应力路径下的循环剪切试验，得到了循环应力比与循环振次的关系曲线。本节通过理论分析的方法，对循环应力比的变化情况进行分析。由于循环振次较小时，孔隙水压力变化不大，土体抗剪强度不产生衰减；当达到一定循环振次时，土体抗剪强度呈现指数型衰减。针对该变化情况，建立循环应力比的分段函数，如式（2–41）所示，其变化曲线见图 2–25。

$$\mathrm{CSR}=0.65\frac{\tau_{\max}}{\sigma_{\mathrm{v}}{}'}=\begin{cases}A, & N\leqslant N_{\mathrm{r}},\\ A\left(N^{B}+C\right), & N>N_{\mathrm{r}}\end{cases} \tag{2–41}$$

式中：N 为循环振次；N_{r} 为产生孔隙水压力时的循环振次；A、B、C 与土性参数有关，其中 B 小于 0，$N^{B}+C$ 小于 1。

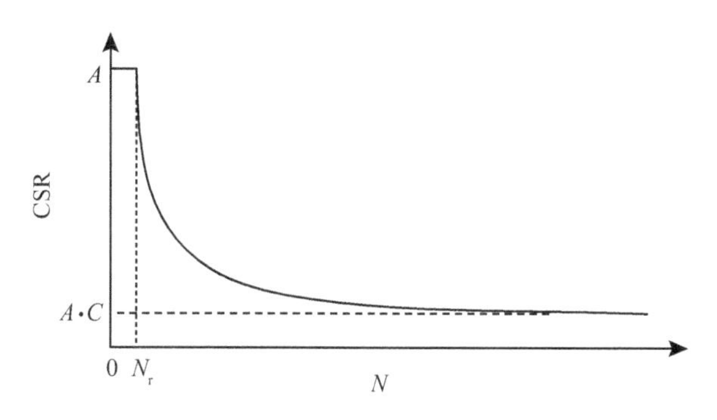

图 2–25　循环应力比变化简图

2. 参数分析

为了确定土体循环应力比与循环振次的变化情况，现对三个参数分别进行讨论。

（1）参数 A

在循环荷载作用下，随着循环振次的增加，饱和砂土的残余强度呈衰减趋势。文献 [20] 利用标准贯入锤击数估算饱和液化土体的残余强度，如式（2–42）所示，得到饱和砂土残余强度最大值为 $\tan\varphi$。

$$\frac{\tau_{\mathrm{r}}}{\sigma_{\mathrm{v}}{}'}=e^{\frac{(N_1)_{60\mathrm{cs}-\tau}}{16}+\left(\frac{(N_1)_{60\mathrm{cs}-\tau}-16}{21.2}\right)^3-3}\leqslant\tan\varphi \tag{2–42}$$

式中：τ_{r} 为土体残余强度，等同于 $\tau_{\max}$；φ 为土体内摩擦角；$(N_1)_{60\mathrm{cs}-\tau}$ 为校正的标准贯入锤击数。

将式（2–41）代入式（2–42），可得到饱和砂土强度未衰减时的 CSR 初始值，即参数 A，如式（2–43）所示。

$$A=0.65\tan\varphi \tag{2–43}$$

（2）参数 B

由图 2–25 可知，随着荷载循环振次的增大，土体循环应力比逐渐减小，其衰减程度取决于参数 B 的大小。文献 [21] 利用 Cyclic1D 非线性有限元软件，模拟了细粒含量为 11% 的砂土的循环剪切试验，对其循环应力比衰减情况进行分析，得到了循环应力比的衰减程度与土体孔压比（$r_u=u/\sigma_v'$，其中 u 为土体孔隙水压力）有关。

此外，不同学者针对土体液化的动力特性展开研究，陈晓飞等[22]开展饱和砂土的循环三轴和循环扭剪试验，建立了不同加载形式下循环应力比的理论公式。首先对上述公式进行分析计算，得到不同加载方式下循环应力比 CSR 与不同循环振次的试验数据点，然后将其代入本节提出的指数型循环应力比 CSR 理论模型中［式（2–39）］，即可求得参数 B 随循环振次 N 的变化情况，如式（2–40）所示。同时，由于砂土循环应力比的衰减程度与其孔压比有关[21]，即参数 B 与孔压比 r_u 有关，则根据不同加载方式下的孔压增长模式，得到不同循环振次对应的孔压比值。最后，通过 MATLAB 数学运算程序，得到参数 B 随孔压比 r_u 的变化规律，二者的关系曲线如图 2–26 所示，图中的空心圆为循环三轴和循环扭剪试验数据，实线为拟合曲线。其中孔压比 r_u 采用张小玲[23]利用土工静力 – 动力液压三轴 – 扭转多功能剪切仪，开展扭剪试验提出的孔压比增长模式，如式（2–44）所示。

$$r_u=\frac{u}{\sigma_v{}'}=\frac{1}{2}+\frac{1}{\pi}\arcsin\left[\left(\frac{N}{N_{50}}\right)^{\frac{1}{\alpha}}-1\right] \tag{2–44}$$

其中：

$$N_{50}=\left(\frac{\sigma_d}{2\cdot\sigma_3\cdot a}\right)^{\frac{1}{b}} \tag{2–45}$$

$$\alpha=2.9-2.56K_c+0.91K_c^2 \tag{2–46}$$

式中：u 为对应循环振次 N 时的孔隙水压力；N_{50} 为土体孔压比为 0.5 时的循环振次，与动应力有关，如式（2–45）所示，a、b 为土质常数；K_c 为土体初始固结比，α 与 K_c 有关，如式（2–46）所示。

对不同学者提出的循环应力比理论公式进行数据拟合，均可得到与图 2–26 类似的变化形式。因此，定义参数 B 为土体孔压比 r_u 的多项式如式（2–47）所示。

$$B=b_1r_u{}^2+b_2r_u+b_3 \tag{2–47}$$

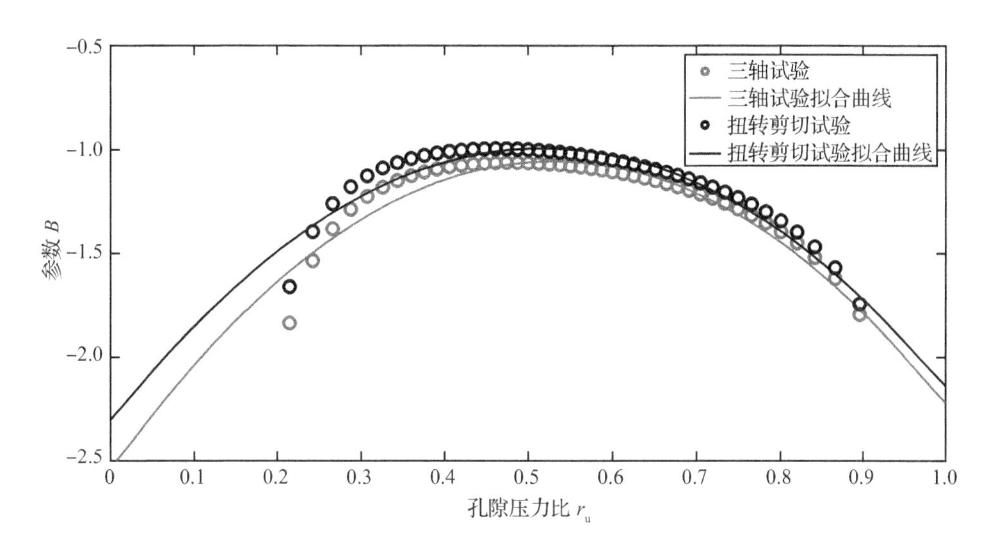

图 2-26 不同加载方式下参数 B 的拟合曲线

式中：参数 b_1，b_2，b_3 与砂土的内摩擦角 φ、相对密实度 D_r 和孔隙比 e 有关。

（3）参数 C

由于饱和砂土液化后仍有一定抗剪能力，即土体残余强度趋向一定值，此时土体的循环应力比值为 $A \cdot C$。

当饱和砂土还未液化时，其剪应力的最大值可以通过摩尔库仑定律计算得到，如式（2-48）所示。

$$\tau_{\max} = \sigma_v' \tan\varphi + c \tag{2-48}$$

将式（2-48）代入式（2-39）得到桩周土的初始土抗力，结果如式（2-49）所示。

$$p_u = N_s \cdot \sigma_v' \cdot \tan\varphi \cdot d \tag{2-49}$$

当饱和砂土液化后，其桩周土的极限土抗力表达式如式（2-50）所示。

$$p_u = \frac{N_s \cdot A \cdot C \cdot \sigma_v' \cdot d}{0.65} \tag{2-50}$$

将式（2-43）代入式（2-50），即可得到饱和砂土液化后极限土抗力和参数 C 的相互关系，如式（2-51）所示。

$$p_u = N_s \cdot C \cdot \sigma_v' \cdot \tan\varphi \cdot d \tag{2-51}$$

联立式（2-49）、（2-51），可得到参数 C 的理论值，如式（2-52）所示。

$$C=\frac{p_{u(r_u=1)}}{N_s\cdot\sigma_v'\cdot\tan\varphi\cdot d}=\frac{p_{u(r_u=1)}}{p_{u(r_u=0)}} \tag{2-52}$$

综上，可以得到桩周土抗力和循环振次的理论关系，如式（2-53）所示。

$$p=\begin{cases}\dfrac{N_s\cdot A\cdot\sigma_v{}'\cdot d}{0.65}, N<N_r,\\ \dfrac{N_s\cdot A\cdot\left(N^B+C\right)\cdot\sigma_v{}'\cdot d}{0.65}, N\geqslant N_r\end{cases} \tag{2-53}$$

式中：p 为桩周土抗力。

然后利用 MATLAB 计算软件，将提出的桩周土抗力理论公式，运用到循环荷载作用下的桩土相互作用的分析中，依次输入所需参数，即可得到桩周土抗力的变化情况。

3. 桩周土抗力结果验证

将唐亮[24]开展的桩土相互作用振动台试验的试验结果与上述理论方法计算得到的结果进行对比验证，以此来分析循环荷载作用下桩周土抗力的变化情况。该试验采用逐级加载的方式输入正弦波，模拟直径为 0.2 m 的桩周土抗力在循环荷载作用下的变化情况，土体参数见表 2-12。本节选取输入频率为 1 Hz、幅值为 0.5g 正弦波在埋深 0.5 m 处的试验结果进行对比。本节计算过程中采用的土体参数与试验参数完全一致。

表 2-12　饱和砂土层土性参数

	相对密度 D_r/（%）	内摩擦角 φ/（°）	土体有效重度 γ/（kN/m^3）
中密砂	58.0	35.0	9.0

根据试验结果，当 $N>2$ 时，产生孔隙水压力，因此，$N_r=2$。针对该试验土体参数，计算得到本节提出的土体循环应力比（如式（2-41））中参数 A、C 的值分别为 0.455 1、0.259 3，则参数 B 的表达式如式（2-54）所示。

$$B=-5.6965r_u{}^2+5.7885r_u-2.1555 \tag{2-54}$$

从而得到土体循环应力比 CSR 的变化公式，如式（2-55）所示。

$$\text{CSR}=\begin{cases}0.4551, N<2,\\ 0.4551\cdot(N^{-5.6965r_u{}^2+5.7885r_u-2.1555}+0.2593), N\geqslant 2\end{cases} \tag{2-55}$$

将不同循环振次下，桩周土抗力与未液化时桩周土抗力的比值定义为衰

减系数 s，图 2–27 为埋深 0.5 m 处的桩周土抗力衰减系数 s 时程变化曲线，横坐标为循环荷载的循环振次，纵坐标为循环振次为 N 时的桩周土抗力衰减系数。从图 2–27 可以看出，当 $N \leqslant 2$ 时，桩周土抗力值未发生衰减，而后随着循环振次的增加，桩周土抗力产生了不同程度的衰减；当 $N \geqslant 12$ 时，桩周土抗力衰减系数基本稳定在 0.26 左右。同时可以看出，由本节提出的桩周土抗力理论公式得到的计算结果与试验数据点基本吻合，验证了本节提出的桩周土抗力理论公式的正确性。

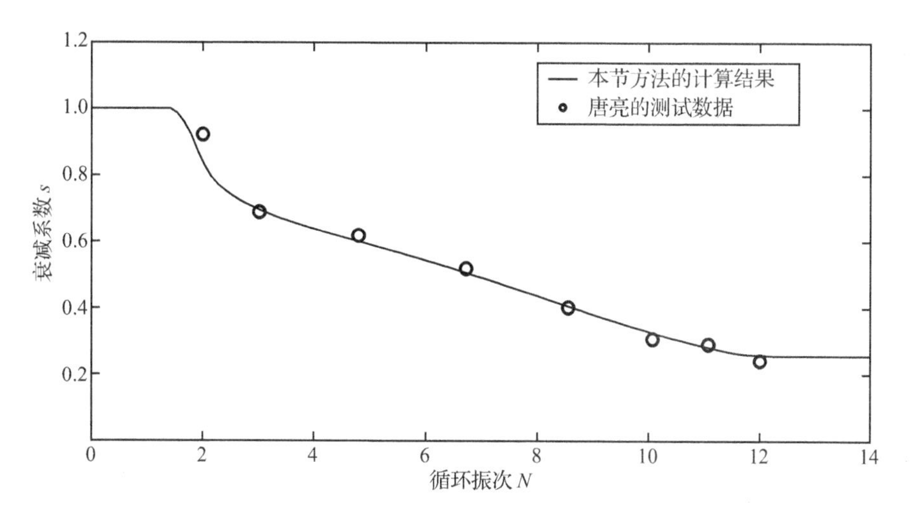

图 2–27　桩周土抗力衰减系数 s 变化曲线

2.4.2　桩土相对位移的计算

在饱和砂土与桩的动力相互作用中，随着循环荷载循环振次的增大，桩土相对位移逐渐增大，其位移增量 y_d 与土体的动剪应变有关[16]，如式（2–56）所示。

$$y_d = \frac{\gamma_d d}{M_s} \tag{2–56}$$

式中：γ_d 为动剪应变；M_s 为饱和砂土完全液化后的应变系数，取 1.87。

在循环三轴和循环扭剪试验中，采用 Hardin–Drnevich 模型描述动剪应变 γ_d 的变化情况，其值与最大剪切模量 G_{max} 和动剪应力 τ_d 有关，如式（2–57）所示。

$$\gamma_{\mathrm{d}}=\frac{\tau_{\mathrm{d}}/G_{\max}}{1-\tau_{\mathrm{d}}/\tau_{\max}} \tag{2-57}$$

式中：$G_{\max}$ 为最大剪切模量，$G_{\max}=14\,400N^{0.68}$。

联立式（2–41）、（2–56）和（2–57），即可得到桩土相对位移增量与循环振次相关的理论公式，如式（2–58）所示。

$$y_{\mathrm{d}}=\begin{cases}\dfrac{A\cdot\sigma_{\mathrm{v}}'\cdot d}{0.35\cdot G_{\max}\cdot M_{\mathrm{s}}},N<N_{\mathrm{r}},\\ \dfrac{A\cdot\left(N^{B}+C\right)\cdot\sigma_{\mathrm{v}}'\cdot d}{0.35\cdot G_{\max}\cdot M_{\mathrm{s}}},N\geqslant N_{\mathrm{r}}\end{cases} \tag{2-58}$$

然后将桩土相对位移累积叠加，即可得到循环振次 N 时，桩土相对位移 y_N 的理论公式，如式（2–59）所示。

$$y_N=y_{N-1}+y_{\mathrm{d}} \tag{2-59}$$

图 2–28 为埋深 0.5 m 处桩土相对位移随荷载循环振次的时程变化曲线。图中的实线代表本节理论计算的结果，空心圆采用唐亮 [24] 开展的振动台试验结果，从图中结果可以看出，随着荷载循环振次的增加，桩土相对位移逐渐增大，并产生累积变形；当循环振次 N=11 时，桩土相对位移发生了突变，是由于该时刻桩周的饱和土体发生了液化，导致位移突然增大，桩基承载能力降低；由图可以看出，本节的理论计算结果与唐亮 [24] 开展的振动台试验结果相吻合，从而验证了本节理论公式的正确性。

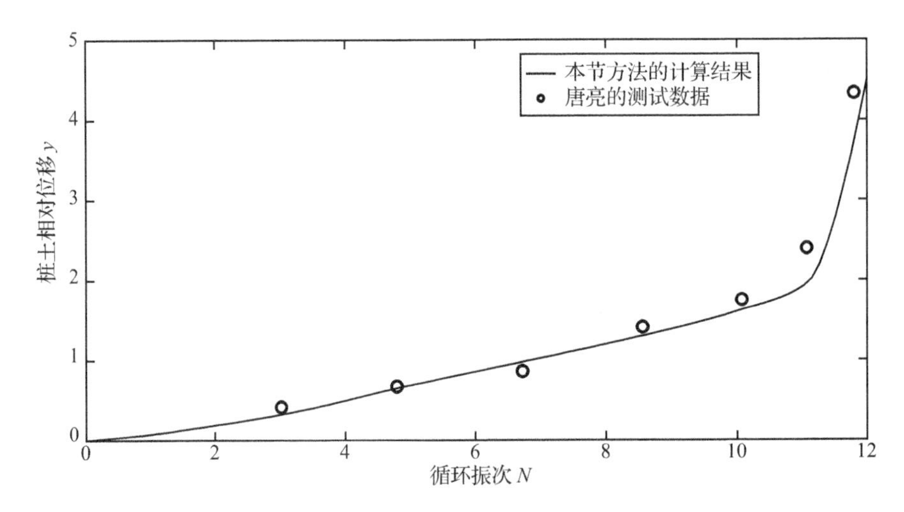

图 2–28　桩土相对位移 y 变化曲线

2.4.3 动力 p–y 曲线计算模型

1. 动力 p–y 曲线的计算

通过本节提出的桩周土抗力理论公式，计算可以得到饱和砂土液化过程中的桩周土抗力值，同时结合文献 [16] 提出的动力 p–y 曲线模型形式，即可得到饱和砂土在循环荷载作用下的动力 p–y 骨干曲线。

图 2–29 为文献 [16] 提出的动荷载作用下动力 p–y 曲线模型关系图，图中实线为静荷载作用下线性相关的 p–y 曲线。在动荷载作用下，土体变形分为三个阶段：弹性阶段、弹塑性阶段和塑性阶段。当土体发生塑性破坏时的土抗力即极限土抗力。由于饱和砂土液化过程中，其动力 p–y 曲线与土体应力 – 应变曲线形状基本一致 [24]，因此，根据饱和砂土液化过程中土体应力 – 应变曲线的发展趋势，建立动力 p–y 曲线模型，如图 2–29 中虚线所示。

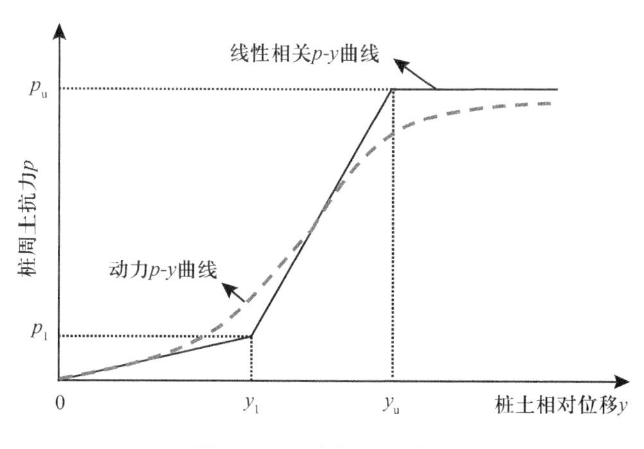

图 2–29 动力 p–y 曲线

该动力 p–y 曲线模型的表达式如下：

$$p=\omega\frac{p_1}{y_1}y+Y(1-\omega)\left[\frac{p_u+p_1}{2}+\frac{p_u-p_1}{2}\tanh\frac{2\pi}{3(y_u-y_1)}\left(y-\frac{y_u+y_1}{2}\right)\right] \tag{2-60}$$

$$\omega=\frac{1}{2}\left[1-\tanh\left[\frac{6\pi}{y_u}\left(y-\frac{4y_1+y_u}{6}\right)\right]\right] \tag{2-61}$$

其中：

$$p_1=1.25\cdot N_s\cdot\gamma_{t0}\cdot G_1\cdot d \tag{2-62}$$

$$y_1 = \frac{1.25 \cdot \gamma_{t0} \cdot d}{M_s} \tag{2-63}$$

式中：y 为桩土相对位移；ω 为权重函数；Y 为位移因子，当 $y=0$ 时，$Y=0$，当 $y \neq 0$ 时，$Y=1$；γ_{t0} 为初始应变；G_1 为初始剪切模量；其他相关参数的计算公式见文献[15]；桩周土抗力 p_u 和桩侧极限位移 y_u，分别由式（2-50）、（2-59）计算得到。

由于该动力 p–y 曲线模型考虑了饱和砂土液化过程中土体的变形情况，相较静力折减的 p–y 曲线模型，在实际工程中更为适用。由此可根据本节提出的与饱和砂土孔压比相关的极限土抗力 p_u 计算公式来进一步构造饱和砂土地基中桩–土相互作用的动力 p–y 曲线。

2. 动力 p–y 骨干曲线验证

为了验证本节理论分析方法的正确性，以唐亮[23]开展的饱和砂土地基振动台试验结果为例，分析埋深 0.5 m 处孔压比分别为 0.4、0.6 和 0.8 时饱和砂土动力 p–y 骨干曲线的变化情况，如图 2–30 所示。图中实线为本节理论分析结果，虚线为 API 规范提出的 p–y 曲线模型，空心圆为试验结果。从图中可知，随着饱和砂土孔压比的增大，桩周土抗力值呈现不同程度的衰减。当 r_u<0.6 时，同一孔压比下的桩周土抗力值随桩土相对位移的增大而增大，但因桩土相对位移较小，故其土抗力值均未达到极限土抗力值；当 $r_u \geqslant 0.6$ 时，

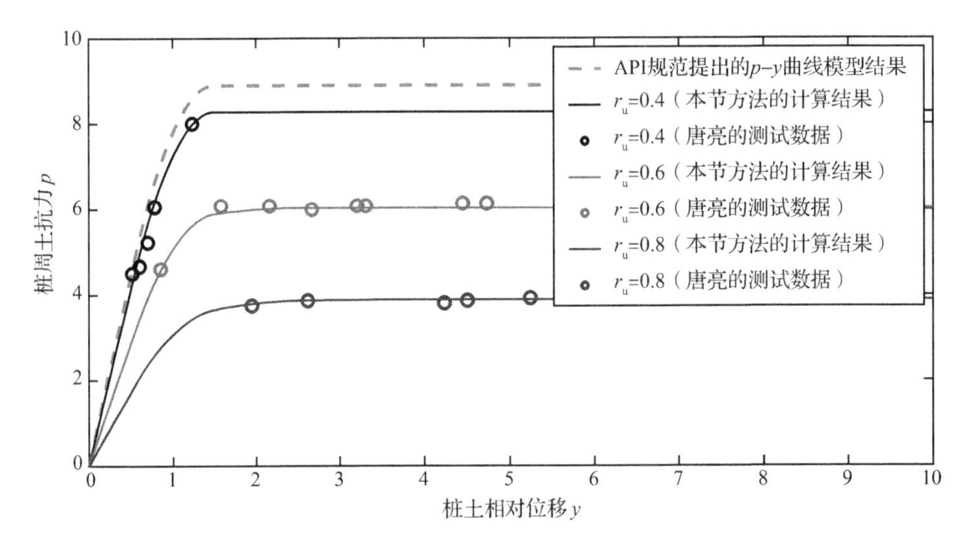

图 2–30　不同孔压比下动力 p–y 骨干曲线

随着桩土相对位移的增大，土抗力值变化并不明显，几乎接近极限土抗力值，而随着孔压比的增大，桩土相对位移逐渐增大，呈现累积变形，该结论与现有试验研究得到的饱和砂土液化过程中桩土相互作用关系的认识一致[24]。同时由图2-30可以看出，API规范提出的 p–y 曲线模型结果明显高估了饱和砂土液化过程中的极限土抗力，低估了桩土相对位移的变形量，并不适用于实际工程，而本节计算得到的动力 p–y 骨干曲线与试验数据基本吻合，验证了本节提出的计算方法的准确性。

2.4.4 小结

本节分析循环荷载条件下，饱和砂土液化对桩周土体强度的影响，分别提出了与动荷载循环振次和土体孔压比相关的桩周土抗力和桩土相对位移理论计算公式，并将其引入动力 p–y 曲线模型中，从而得到饱和砂土液化过程中的动力 p–y 骨干曲线。通过与振动台模型试验的对比验证，得出本节提出的桩周土抗力的理论计算公式能较好地反映循环荷载作用下桩土相互作用关系。根据上述结果，可以得到以下结论。

①循环荷载作用下，土体强度随循环振次的增加呈现指数型衰减，其衰减程度与循环振次和孔压比有关，本节通过理论分析建立了动荷载循环振次和土体孔压比的理论公式，并将其引入桩土动力 p–y 曲线模型中。

②在动力循环荷载作用下，桩周土抗力和桩土相对位移的变化与孔压比和循环振次有关；随着循环振次增加，饱和砂土地基中孔隙水压力增大，桩周土抗力衰减，桩土相对位移呈现累积现象。

③本节提出的动力 p–y 曲线模型，综合考虑了土体液化过程中动荷载循环振次和土体孔压比变化对桩周土抗力和桩土相对位移的影响，通过与已有试验研究结果数据的对比，验证了本节理论计算方法的适用性和可靠性。

参考文献

[1] 张小玲，朱冬至，许成顺，等．基于动强度试验确定饱和砂土弱化参数的方法[J].防灾减灾工程学报，2021，41（2）：328-334.

[2] 朱冬至．弱化状态下饱和砂土地基中桩土相互作用的 p–y 曲线研究 [D]. 北京：北京工业大学，2019.
[3] 李艳梅．初始静孔隙水压力对砂土剪切特性的影响试验研究及其机理探讨 [D]. 北京：北京工业大学，2018.
[4] 许成顺．复杂应力条件下饱和砂土剪切特性及本构模型的试验研究 [D]. 大连：大连理工大学，2006.
[5] 黄雅虹，吕悦军，荣棉水，等．关于深层砂土液化判定方法的探讨——以港珠澳特大桥水下隧道工程场地为例 [J]. 岩石力学与工程学报，2012，31（4）：856-864.
[6] 谢定义．土动力学 [M]. 北京：高等教育出版社，2011.
[7] 阳卫红，刘伟平，扶名福．南昌地区红土的动强度特性试验研究 [J]. 煤田地质与勘探，2015，43（6）：84-86.
[8] SEED H B, IDEISS I M. Simplified procedure for evaluating soil liquefaction potential [J]. Journal of the Soil Mechanics and Foundations Division, 1971, 97（9）: 1249-1273
[9] 卢廷浩．土力学 [M]. 北京：高等教育出版社，2010.
[10] 戚春香．饱和砂土液化过程中桩土相互作用 p–y 曲线研究 [D]. 天津：天津大学，2008.
[11] REESE L C, COX W R. Analysis of laterally loaded piles in sand [C]//Offshore Technology Conference. Houston: 1974, Paper No.2080.
[12] 张小玲，朱冬至，许成顺，等．强度弱化条件下饱和砂土地基中桩 − 土相互作用 p–y 曲线研究 [J]. 岩土力学，2020，41（7）：2252-2260.
[13] 横山幸满．桩结构物的计算方法和计算实例 [M]. 北京：中国铁道出版社，1984.
[14] MASOUD H B, YONES S, ANAND J P. Study of strain wedge parameters for laterally loaded piles [J]. International Journal of Geomechanics, 2013, 13（2）: 143-152.
[15] HYODO M, HYDE A F L, ARAMAKI N. Liquefaction of crushable soils [J]. Géotechnique, 1998, 48, 527-543.
[16] DASH S, ROUHOLAMIN M, LOMBARDI D, et al. A practical method for construction of p–y curves for liquefiable soils [J]. J. Soil Dyn. Earthq. Eng. 2017, 97, 478-481.
[17] SEED H, BOLTON, IDRISS I M. Simplified procedure for evaluating soil liquefaction potential [J]. Journal of the Soil Mechanics and Foundations Division, 1971, 97, SM9, 1249-1274.
[18] PORCINO D, DIANO V. A laboratory study on pore pressure generation and liquefaction of low plasticity silty sandy soils during the 2012 earthquake in Italy [J]. J. Geotech Geoenviron Eng., 2016, 142（10）, 04016048.
[19] JIN H, GUO L. Effect of phase difference on the liquefaction behaviour of sand in multidirectional simple shear tests [J]. J. Geotech. Geoenviron. Eng., 2021, 147（12）, 06021015.
[20] IDRISS I M, BOULANGER R W. SPT- and CPT-based relationships for the residual shear strength of liquefied soils [C]//PITILAKIS K D. 4th International Conference on Earthquake Geotechnical Engineering. Netherlands: Springer, 2007, 1-22.

[21] TÖNÜK G, ANSAL A. Effects of stress reduction factors on liquefaction analysis [J]. Congress of Geotechnical Earthquake Engineering and Soil Dynamics IV. 2008, May, 18-22.
[22] 陈晓飞，吴建翔，李园．应力路径对饱和砂土动力特性影响的试验研究 [J]. 工程技术研究，2021，6（12）：6-8.
[23] 张小玲．地震作用下海底管线及周围海床动力响应分析 [D]. 大连：大连理工大学，2009.
[24] 唐亮．液化场地桩－土动力相互作用 *p-y* 曲线模型研究 [D]. 哈尔滨：哈尔滨工业大学，2010.

第3章 海上风机大直径桩基础 *p*–*y* 曲线计算模型

随着各国对可再生能源和清洁能源的重视程度不断加强，海上风电的应用不断发展。单桩基础是海上风电基础中应用范围较广的基础形式，目前工程中在分析桩土相互作用及单桩位移时常采用 API 规范推荐的 *p*–*y* 曲线模型进行计算。随着桩土理论的发展，现有的 API 规范推荐的 *p*–*y* 曲线模型在应用于大直径桩基础的分析和计算时，低估了不同土体深度处的极限土抗力，高估了初始地基反力模量，因而降低了计算结果的准确性。海上风电一般位于复杂的海洋环境中，受到风、浪、流等多种循环荷载长期作用，而现有的大部分 *p*–*y* 曲线并未考虑长期循环荷载作用下土体的刚度衰减问题，多通过循环荷载折减系数对土体极限土抗力进行折减，用其来计算循环荷载作用下土体极限土抗力，并未考虑长期循环荷载作用下土体初始地基反力模量的变化，应用起来精确性难以保证。

为得到更加适用于大直径桩基础的 *p*–*y* 曲线，本章首先分析了现有 *p*–*y* 曲线法中影响极限土抗力和初始地基反力模量的因素；通过建立桩土相互作用的有限元数值模型，对不同桩径和土体深度的计算模型进行分析和数据回归，引入修正系数来考虑大直径桩基础的尺寸效应，并讨论了不同因素影响指数的变化规律，最终建立了适用于大直径单桩基础的修正 *p*–*y* 曲线模型。然后针对长期波浪循环荷载的作用，基于斯托克斯（Stokes）二阶波浪理论推导并编程计算了不同直径桩基础所受的波浪荷载时程，通过子程序将受到波浪循环荷载后土体刚度衰减规律嵌入有限元模型中，最终通过模型计算得到适用于长期循环荷载作用下的大直径桩基础 *p*–*y* 曲线，并对桩土在波浪循环荷载作用下的位移以及土体刚度衰减规律进行了分析[1]。

3.1 考虑尺寸效应的大直径桩基础 p–y 曲线修正

3.1.1 现有 p–y 曲线模型

现有的 p–y 曲线法采用温克勒（Winkler）地基模型，将土体假定为独立的非线弹性弹簧，同时将桩假定为水平受力的弹性梁，通过对泥面以下不同深度处的桩周土抗力和对应深度处的桩身位移进行分析，建立两者的关系曲线，用来描述水平受荷桩以及桩周土的变形和力的关系。此种方法可以考虑土体参数不同的影响以及土体的弹塑性，更加适用于水平方向产生较大变形的水平受荷桩分析。

近年来随着海上风电的不断发展，近海风机大直径桩基础的受力特性以及响应研究越来越被重视。海上风机大多为大直径单桩基础，而目前对于水平荷载作用下小直径单桩基础的受力特性研究无法直接应用于大直径桩计算；桩基受波浪、风、水流等复杂荷载的长期作用，这对大直径桩基承载性能和设计提出了更高的要求。为解决这一问题，不断有学者基于已有的 p–y 曲线，改进以及提出新的计算方法。现介绍砂土中两种代表性较强且应用较为广泛的 p–y 曲线。

1. API 规范的 p–y 曲线

砂土中的海上风电桩基在长期荷载作用下容易产生大变形，所以主要采用 API 规范中的 p–y 曲线模型进行计算分析，如图 3–1 所示，具体公式如下：

$$p = Ap_{\mathrm{u}}\tanh\left(\frac{n_{\mathrm{h}}z}{Ap_{\mathrm{u}}}y\right) \tag{3–1}$$

$$p_{\mathrm{u}} = \min\left\{\left(C_1 z + C_2 D\right)\gamma z, C_3 D\gamma z\right\} \tag{3–2}$$

$$（静力荷载）A = \left(3.0 - 0.8\frac{z}{D}\right) \geqslant 0.9 \tag{3–3}$$

$$（循环荷载）A = 0.9 \tag{3–4}$$

式中：p 为水平土抗力；y 为桩身水平位移；z 为土体深度；n_{h} 为地基反力模量系数；p_{u} 为深度 z 处极限土抗力；C_1、C_2、C_3 为随内摩擦角变化的系数，如图 3–2 所示；D 为桩径；γ 为土体重度。

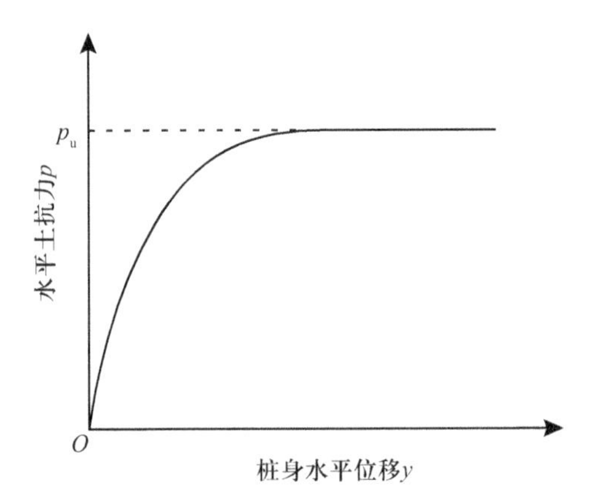

图 3-1 API 规范中的砂土 p–y 曲线

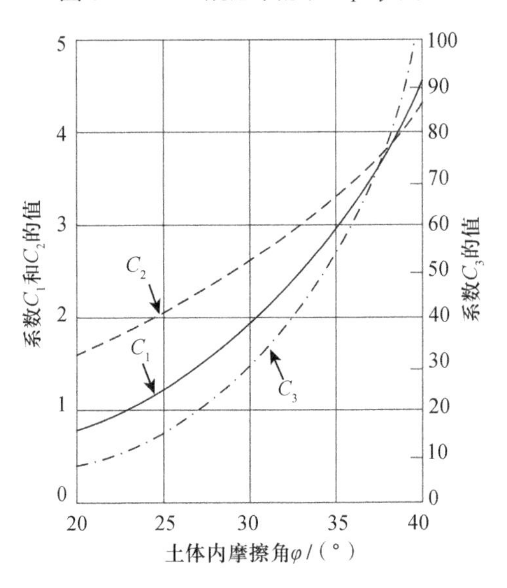

图 3-2 随内摩擦角变化的系数

2. 双曲线型 p–y 曲线

已有的桩基模型试验表明，双曲线型 p–y 曲线较能反映实际的桩基 p–y 曲线，其表达式一般为[2-4]：

$$p=\frac{y}{\dfrac{1}{k}+\dfrac{y}{p_u}} \tag{3-5}$$

式中：k 为初始地基反力模量；其余参数意义同式（3-1）。

根据目前的研究，笔者认为 API 规范推荐的 p–y 曲线公式低估了土体的极限土抗力，同时高估了土体初始地基反力模量，不能保证对大直径桩计算的准确性。因此，本章以 API 规范推荐的 p–y 曲线计算公式为基础，对曲线中的极限土抗力和初始地基反力模量进行修正，提出针对砂土中大直径桩的修正 p–y 曲线公式。

3.1.2 数值模型的建立与验证

首先，采用大型有限元分析软件 ABAQUS，建立大直径钢管桩与土体相互作用的数值模型，并进行水平受力分析，以 2 m 桩径为例，模型如图 3–3 所示。

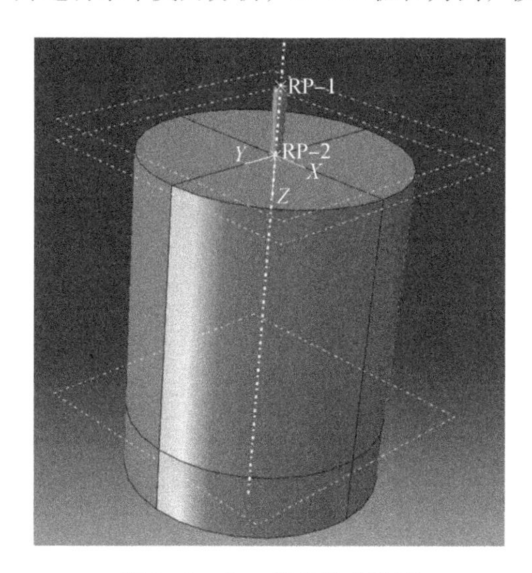

图 3–3　2 m 桩径桩土模型

已有研究表明[5]，摩尔 – 库仑模型能较好地模拟砂土地基力学特性，故本节在数值模型建模过程中，土体为砂土，采用的是摩尔 – 库仑模型，桩体采用弹性模型，桩土交界面法向接触为硬接触，切向接触为摩擦接触，桩底与土为绑定约束。桩体和土体的具体模型参数见表 3–1 和表 3–2。

表 3–1　单桩基础计算参数

桩径 /m	壁厚 /mm	埋深 /m	桩长 /m	泊松比	弹性模量 /GPa
2.5	45	40	65	0.3	210

表 3–2　土体计算参数

黏聚力 /kPa	内摩擦角 /（°）	剪胀角 /（°）	泊松比	有效重度 /（kN/m^3）
0.05	35	17.5	0.21	8.45

将数值模拟结果与朱斌等人[6]开展的水平单调加载离心模型试验结果进行对比，以此来验证本节数值建模方法的正确性。根据文献模型试验条件，在泥面以上 2.7D 的位置加水平静荷载，并将数值模拟得到的桩身弯矩和桩身水平位移结果与试验结果进行对比，结果如图 3–4 和图 3–5 所示。

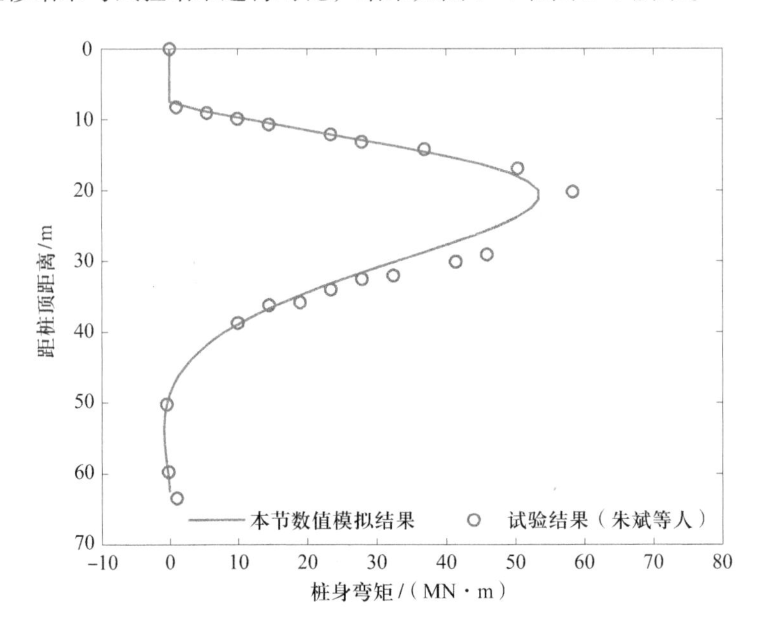

图 3–4　桩身弯矩对比

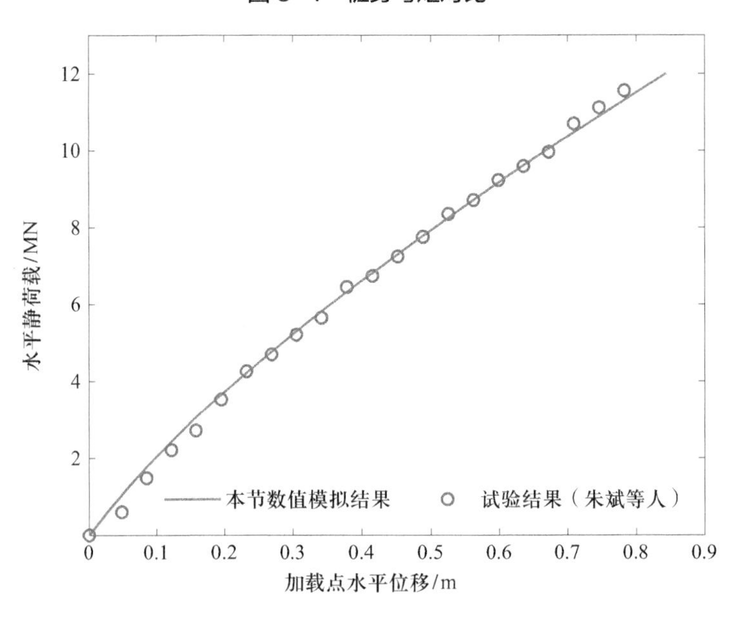

图 3–5　桩身水平位移对比

由图 3–4 和图 3–5 的对比结果可知，本节的有限元模型计算的桩身弯矩和桩身水平位移的结果与朱斌等人[6]进行的离心模型试验的结果比较吻合，由此可验证本节的有限元计算模型及建模方法可以较好地反映砂土地基中桩基水平受力及变形状态。

对于土体压缩模量的计算，一般情况下在 ABAQUS 中为定值，但是有学者通过室内试验得到土体压缩模量和土体小主应力的关系，从而得出土体压缩模量是随着土体深度非线性变化的[7]。为方便对比两者，本节建立了两种情况下的不同桩径的桩土系统进行计算。对于土体压缩模量随深度非线性变化，通过对 ABAQUS 进行二次开发来实现。ABAQUS 自带子程序供使用者进行二次开发，其中 USDFLD（在材料点重新定义字段变量）子程序可以实现定义材料的状态变量。通过式（3–6）和（3–7）计算土体不同深度处的压缩模量值，然后将桩体深度作为场变量，设置场变量个数，通过 Fortran（公式翻译器）进行编程，同时在计算时关联子程序文件，将土体压缩模量随深度的变化规律输入 ABAQUS 中，以此来实现土体压缩模量随深度的变化。

$$E_{\mathrm{s}}=k\sigma_{\mathrm{at}}\left(\frac{\sigma_{\mathrm{m}}}{\sigma_{\mathrm{at}}}\right)^{\lambda} \tag{3–6}$$

$$\sigma_{\mathrm{m}}=K_0\gamma z \tag{3–7}$$

式中：E_{s}为土体的压缩模量；σ_{at}为大气压，取值为 101 kPa；k、λ是量纲一的常数，本节取 k=560，λ=0.6；σ_{m}为土体小主应力；K_0为土体静止土压力系数；z为土体深度。

从不同桩径的桩土模型考虑，土体压缩模量随深度变化以及土体压缩模量为定值时的桩身水平位移对比如图 3–6 所示。

从不同桩径的位移沿深度变化图中可以看出，当土体的压缩模量为定值时，随着桩径的增大，桩身水平位移曲线逐渐趋于直线，这是由桩对于土的相对刚度增大导致的。分别对比土体压缩模量为定值和压缩模量随深度变化的桩身水平位移曲线，可以看出，当桩基础同样随土体深度达到桩径的 1/10 时，土体压缩模量随深度变化情况下的桩身水平位移明显大于弹性模量为定值的情况下的桩身水平位移。这主要是由于土体压缩模量变小后，桩土相对刚度变大，从而使桩身水平位移沿深度变化更趋于线性变化，同时，当泥面处桩身水平位移相同时，由于土体压缩模量降低，故土体要达到相对大的位移才能提供相应的土抗力，从而使桩身水平位移增加。

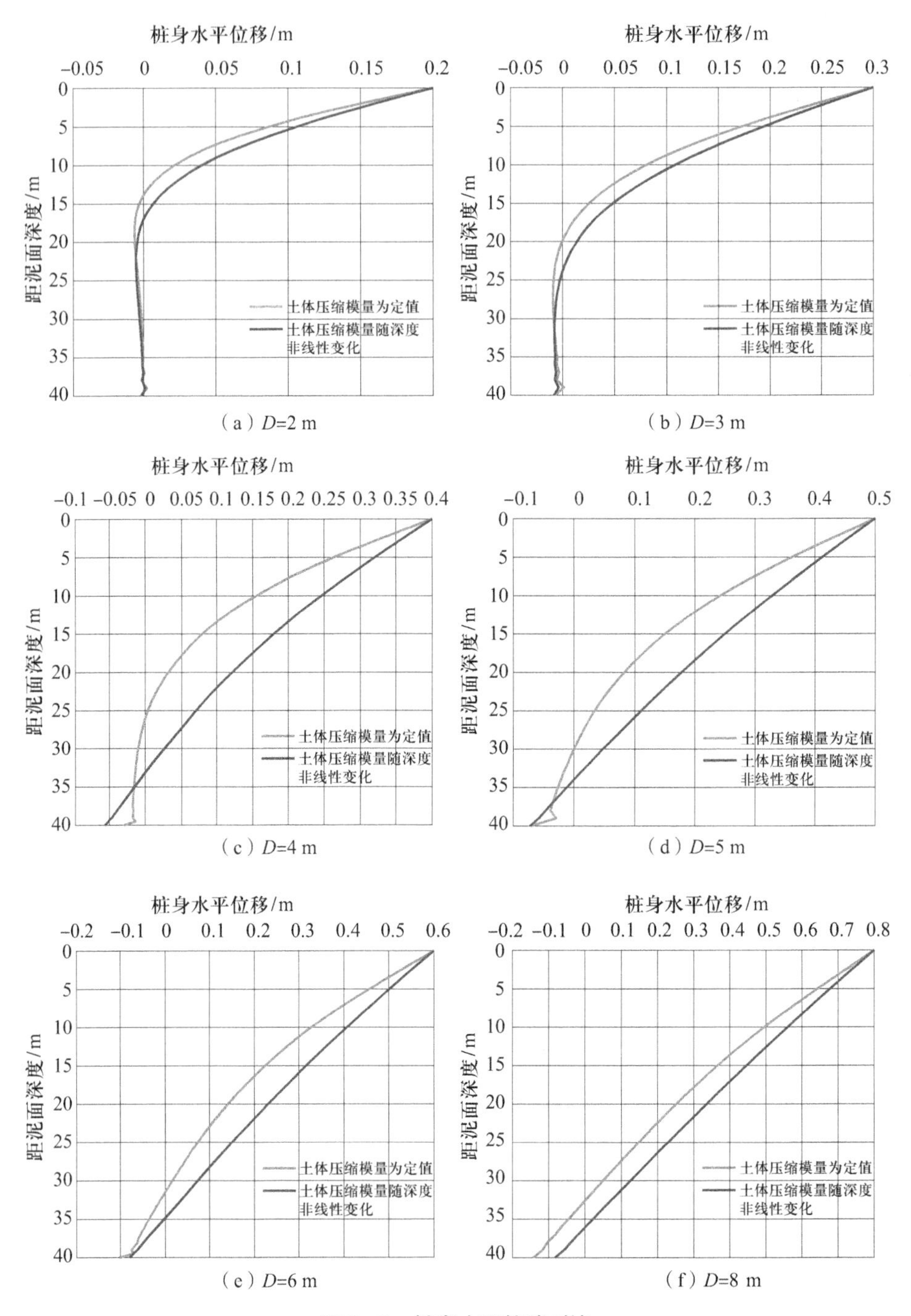

图 3-6　桩身水平位移对比

3.1.3 极限土抗力的修正

文献 [8] 通过研究，提出适用范围较为广泛的桩周极限土抗力的计算公式：

$$p_{\mathrm{u}} = N_{\mathrm{g}} \gamma D^2 \left[\left(\alpha_0 + z \right) / D \right]^c \tag{3–8}$$

式中：N_{g} 为极限土抗力系数，一般可表示为被动土压力系数的平方 K_{p}^2 的线性函数；α_0 为反映地表处极限土抗力大小的常数，对于砂土 α_0=0；c 为极限土抗力的形状参数。

式（3–8）是基于小直径桩试验提出的桩周极限土抗力计算公式，对于大直径桩的适用性仍需进一步研究，本节在文献 [8] 提出的桩周极限土抗力计算公式的基础上提出针对大直径桩的修正公式，通过探究桩体埋深和桩径尺寸对桩周极限土抗力的影响，得到二者随桩径的变化规律，最终得到适用于大直径桩的极限土抗力公式。

通过对式（3–8）中的计算参数 c 和 N_{g} 进行不同取值，式（3–8）可包含常用的砂土极限土抗力计算公式。如文献 [9] 建议 c=1.0，N_{g} 和被动土压力系数 K_{p} 成正比，而文献 [10] 和文献 [11] 则认为 N_{g} 和被动土压力系数的平方 K_{p}^2 成正比，且文献 [10] 建议 c=1.7。

由于极限土抗力系数 N_{g} 常被表示为被动土压力系数的平方 K_{p}^2 的线性函数，本节基于文献 [10] 和文献 [11] 提出的参数取值范围，并结合朱碧堂[12]对开口桩的分析结果，提出桩周极限土抗力的计算公式如下：

$$p_{\mathrm{u}} = 0.53 K_{\mathrm{p}}^2 \gamma D^a z^b \tag{3–9}$$

式中：a 为桩径尺寸影响参数；b 为深度影响参数。式（3–9）桩周极限土抗力的计算公式中，桩周极限土抗力的计算结果与桩径和土体深度直接相关。本节在此基础上通过对桩径和深度的修正，考虑大直径桩尺寸效应和深度的影响，以此得到更加适用于大直径桩的桩周极限土抗力的计算公式。

首先采用有限元软件 ABAQUS 建立不同尺寸桩径的桩土模型，数值模型中桩为空心钢管桩，桩体采用弹性模型，桩径范围为 2~8 m，桩体埋深为 40 m。为减少边界效应对计算模型的影响，土体厚度设为 60 m，土体模型的范围约为 20 倍桩径，桩底距土体底面的距离大于或等于 5 倍桩径。具体计算参数见表 3–3 和表 3–4。

表 3-3　2 m 桩径单桩基础计算参数

桩长 / m	密度 / (kg/m³)	弹性模量 / GPa	泊松比
50	7850	210	0.3

表 3-4　砂土计算参数

密度 / (kg/m³)	内摩擦角 / (°)	剪胀角 / (°)	摩擦系数	泊松比
1800	35	17.5	0.46	0.25

上述提出的桩周极限土抗力计算公式均是基于小直径桩基加载试验得到的，为验证已有公式对于大直径桩基极限土抗力计算的适用性，本节首先将现有的桩周极限土抗力计算公式的计算结果与本节的数值模拟结果进行了对比。图 3-7 给出了不同桩径下以及不同深度处的桩周土体水平极限土抗力的计算结果。将本节的数值模拟结果与文献 [8] 和 API 规范公式的计算结果进行对比可知，对于大于 2 m 直径的桩来说，文献 [8] 提出的公式和 API 规范公式的计算结果均小于本节的数值模拟结果，这是因为两者都没有考虑桩径和土体深度对桩周极限土抗力的影响。

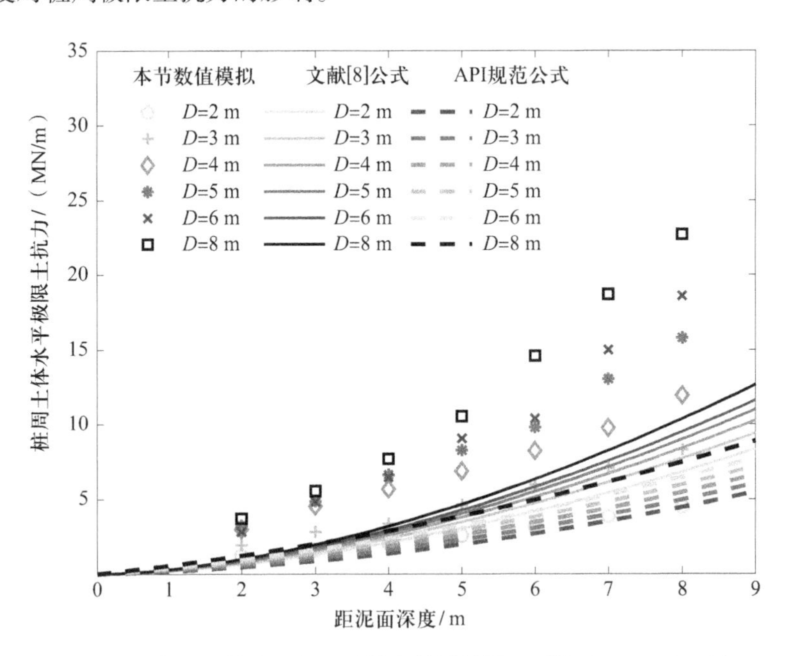

图 3-7　桩周土体水平极限土抗力的计算结果对比（彩图见插页）

然后，针对不同桩径下桩周土体水平极限土抗力的数值模拟结果，采用大型数学计算软件 MATLAB 对结果数据进行拟合，得到式（3-9）中的计算参数 a 和 b 在不同桩径下的计算结果，如表 3-5 所示。

表 3-5　修正参数结果

桩径 /m	2	3	4	5	6	8
参数 a	2.46	1.96	1.75	1.6	1.425	1.17
参数 b	1.073	1.158	1.206	1.25	1.35	1.51

根据上述对比曲线结果以及不同桩径的计算参数结果可知，桩径尺寸影响参数 a 随着桩径的增大而逐渐减小，而深度影响参数 b 随着桩径的增大而逐渐增大。

根据表 3-5 的计算结果，对计算参数 a、b 与桩径 D 的关系进行分析，利用 MATLAB 拟合曲线得到不同桩径下 a_n/a_2 与 D_n/D_2 的关系和 b_n/b_2 与 D_n/D_2 的关系，进一步得到 a_n 和 b_n 的表达式，最终得到考虑桩径和土体深度影响的桩周极限土抗力的计算公式。其中 a_n 表示桩径为 n m 时的桩径影响参数；b_n 表示桩径为 n m 时的深度影响参数；D_n 表示桩基桩径为 n m；a_2 和 b_2 分别指以 2 m 为参考桩径的桩径影响参数和深度影响参数。

具体以 a_n 的计算结果为例说明该拟合过程：首先基于 MATLAB 计算平台得到不同桩径下的计算参数 a_n/a_2 与桩径比 D_n/D_2 的归一化关系，根据计算结果中点的分布趋势采用 MATLAB 中的幂函数 $\dfrac{a_n}{a_2}=p\cdot\left(\dfrac{D_n}{D_2}\right)^q$ 进行拟合，得到的拟合曲线如图 3-8 所示，由此可得公式中的参数 p=1，q=-0.5。

同理，采用 MATLAB 中的幂函数 $\dfrac{b_n}{b_2}=p'\cdot\left(\dfrac{D_n}{D_2}\right)^{q'}$ 对归一化的深度影响参数进行拟合，得到拟合曲线如图 3-9 所示，分别取置信区间的中点值 0.96 和 0.25 为拟合值，可得拟合参数 p'=0.96，q'=0.25。

在此基础上可得到大直径桩极限土抗力的计算公式：

$$p_{\mathrm{u}}=0.53K_{\mathrm{p}}^2\gamma D^{a_n}z^{b_n} \tag{3-10}$$

$$\frac{a_n}{a_2}=1\cdot\left(\frac{D_n}{D_2}\right)^{-0.5} \tag{3-11}$$

$$\frac{b_n}{b_2}=0.96\cdot\left(\frac{D_n}{D_2}\right)^{0.25} \tag{3-12}$$

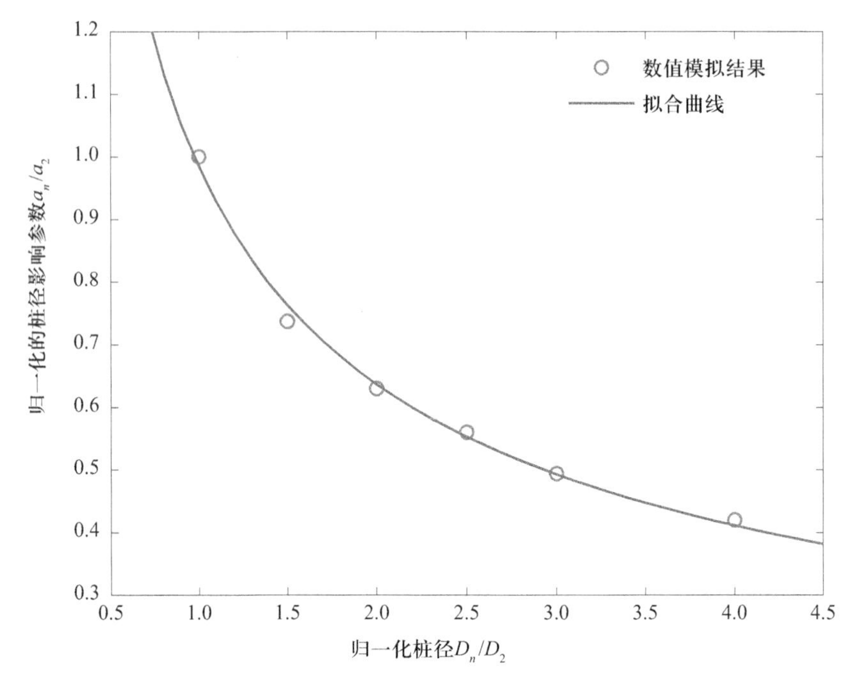

图 3-8　桩径影响参数 a 拟合曲线

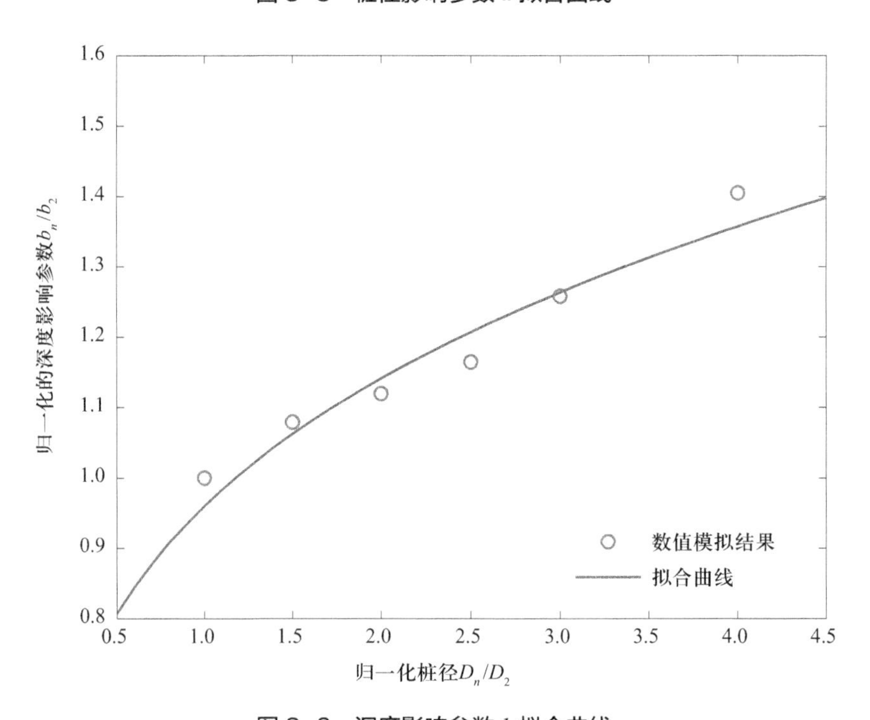

图 3-9　深度影响参数 b 拟合曲线

将修正后的极限土抗力的计算公式嵌入上述数值模型重新进行计算后，将计算结果与数值模拟结果进行对比，结果如图 3-10 所示。由图可见，修正后的大直径桩极限土抗力的计算公式可以较为准确地计算桩周土体水平极限土抗力，验证了本节提出的大直径桩极限土抗力修正公式的正确性。

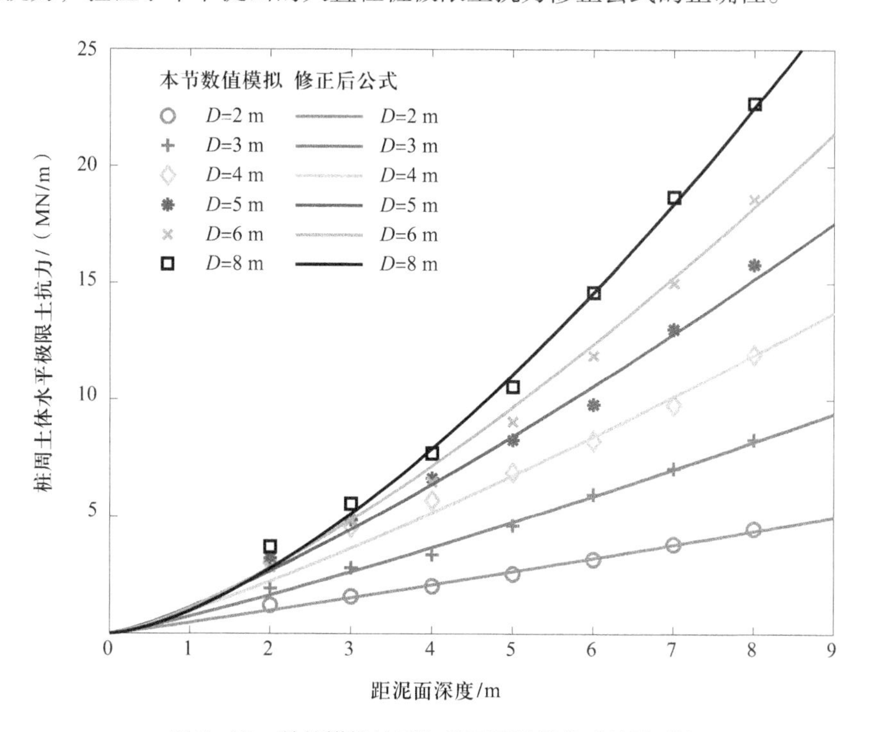

图 3-10　数值模拟结果与修正后计算公式结果对比

3.1.4　初始地基反力模量的修正

由于 API 规范中推荐的 $p-y$ 曲线模型计算方法会高估桩周土体的初始地基反力模量，并且对于桩径尺寸对初始地基反力模量是否有影响以及两者的具体关系目前人们仍未达成统一的认识，为深入探究两者的关系以及相互影响规律等，本节针对桩径尺寸效应和土体埋深对桩周土体的初始地基反力模量的影响进行研究，并对现有 $p-y$ 曲线模型中的初始地基反力模量进行修正，以此来得到综合考虑土体深度和桩径影响的初始地基反力模量的修正公式。

1. 土体深度对初始地基反力模量的影响

在 API 规范中，假设砂土 $p-y$ 曲线的初始地基反力模量 k 沿土体深度线性增加，对于砂土，文献[13]提出的水平地基反力模量可以由下式表示：

$$k = n_h \cdot z \tag{3-13}$$

式中：z 为面以下土体深度（m）；n_h 为水平地基反力系数（MN/m^3），其大小与土体密实度有关。

本节首先基于有限元软件ABAQUS建立数值计算模型对大直径桩周土体的初始地基反力模量进行了计算，然后将数值计算结果与API规范公式的计算结果进行了对比，结果如图3-11所示。

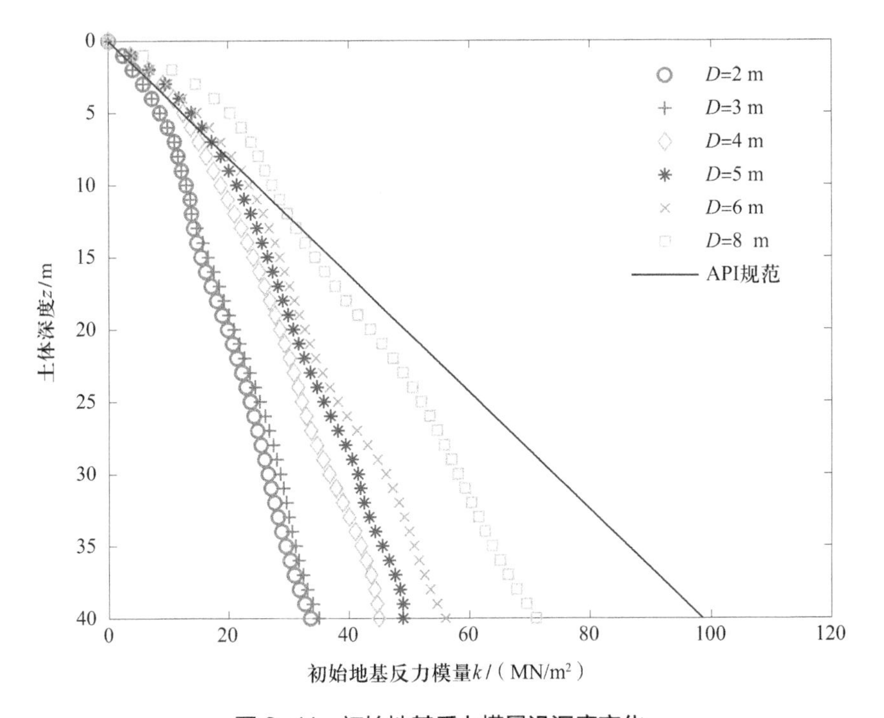

图3-11　初始地基反力模量沿深度变化

从图3-11中可以看出，大直径桩周土体的初始地基反力模量随土体深度的增加非线性增大，同时，随着桩径的增加，不同桩径桩土模型同一深度处的初始地基反力模量也增加，说明初始地基反力模量和桩径是成正比的，而API规范的计算方法高估了土体的初始地基反力模量，同时不能反映初始地基反力模量随土体深度的非线性变化。因此，本节考虑土体深度对桩周土体的初始地基反力模量的影响，在API规范计算公式的基础上提出以下修正公式：

$$k_z = n_h \cdot z^{\alpha} \tag{3-14}$$

式中：α 为深度修正参数；其余参数意义同式（3–13）。

首先，以 z=1 m 深度处的初始地基反力模量为基准，对上述公式进行归一化，得到表达式 $\frac{k_z}{k_1}=z^{\alpha}$ ，同样采用数学计算软件 MATLAB 对数值模拟结果进行拟合。其次，对初始地基反力模量进行尺寸效应和深度的修正，当对 $\frac{k_z}{k_1}=z^{\alpha}$ 进行拟合时，取置信区间的中点值 0.7 为拟合值，图 3–12 给出了归一化初始地基反力模量沿土体深度变化的拟合曲线结果。由图可知，经修正后的初始地基反力模量计算结果与数值模拟结果基本符合。

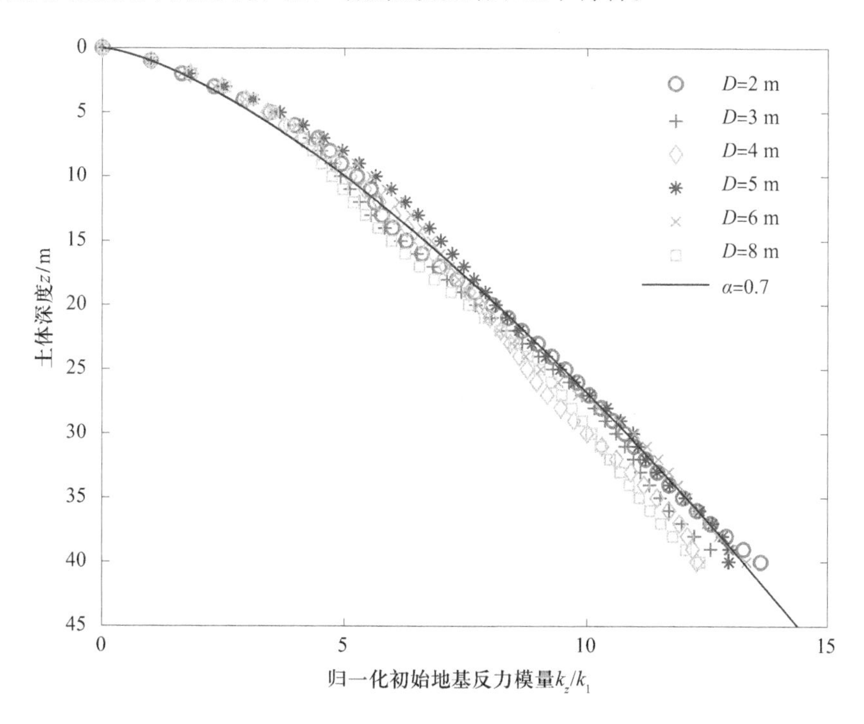

图 3–12 归一化初始地基反力模量沿土体深度变化的拟合曲线

2. 桩径对初始地基反力模量的影响

图 3–13 为不同深度处归一化初始地基反力模量和归一化桩径的关系曲线。从图 3–13 的结果可以看出，桩径的不同也会在很大程度上影响桩周土体的初始地基反力模量结果。文献 [14] 通过对现场试验以及数值模型结果的分析，认为桩周土体的初始地基反力模量随桩径的增大而增大。因此，本节在对大直径桩周土体的初始地基反力模量深度修正完成的基础上，增加了桩径

对初始地基反力模量的修正项，如式（3–15）所示。

$$k_D = n_{\mathrm{h}} z^{0.7} \left(\frac{D}{D_0} \right)^e \tag{3–15}$$

式中：k_D 为不同桩径时初始地基反力模量（MN/m^2）；D_0 为参考桩径（m）；e 为桩径修正参数。取 D_0=2 m 进行计算。

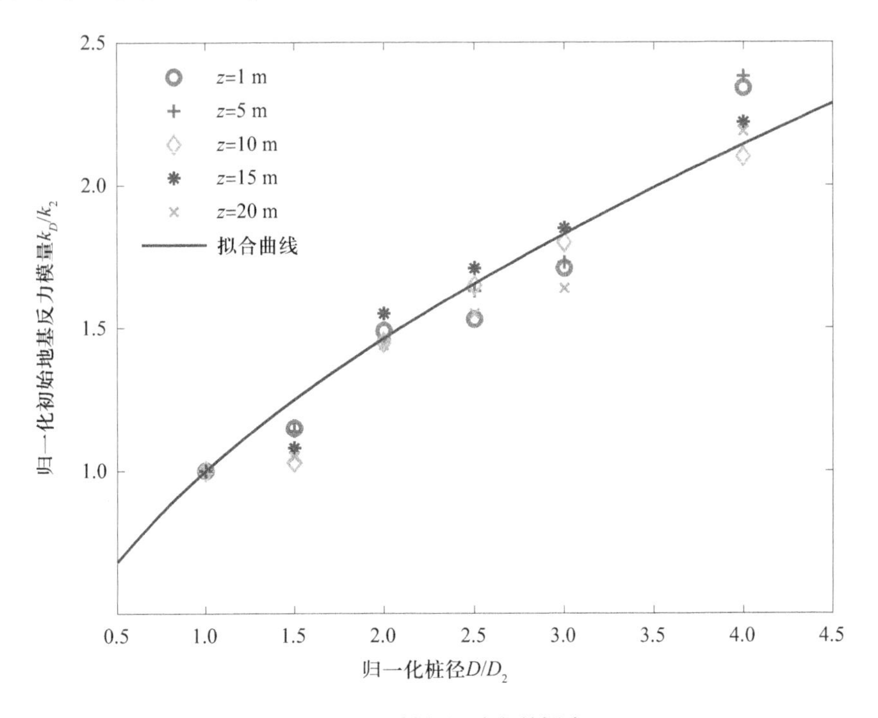

图 3–13　桩径影响参数拟合

同样，以桩径 D_0=2 m 的初始地基反力模量为基准，对不同桩径下的初始地基反力模量结果进行归一化，得到初始地基反力模量随桩径的变化关系，如式（3–16）所示。

$$\frac{k_D}{k_2} = \left(\frac{D}{D_0} \right)^e \tag{3–16}$$

采用 MATLAB 对不同土体深度的计算结果进行拟合，拟合曲线如图 3–13 所示，当对 $\frac{k_D}{k_2} = \left(\frac{D}{D_0} \right)^e$ 进行拟合时，取置信区间的中点值为拟合值，得到桩径修正参数 e=0.55，最终即可得到大直径桩周土体的初始地基反力模量计算式（3–17）。

$$k_D = n_h z^{0.7}\left(\frac{D}{D_0}\right)^{0.55} \tag{3-17}$$

综上，通过对大直径单桩基础的极限土抗力和初始地基反力模量的修正，最终得到了适用于大直径单桩基础的修正p–y曲线模型的计算式（3–18），其中，桩周土体的极限土抗力p_u由式（3–10）~（3–12）计算，桩周土体的初始地基反力模量k（$k=k_D$）按照式（3–17）计算。

$$p = p_u \tanh\left(\frac{k}{p_u}y\right) \tag{3-18}$$

3.1.5 修正p–y曲线模型验证

1. 离心模型试验验证

为了验证本节所提出的针对大直径单桩基础修正p–y曲线的有效性，首先采用朱斌等人[5]针对2.5 m直径的桩基础开展的离心模型试验结果与本节修正后的大直径单桩基础的p–y曲线模型计算结果进行对比，荷载为水平静荷载，作用点为泥面以上高度2.7D处。

图3–14中给出了水平静力荷载作用下，饱和砂土中土体深度z=D和z=2D时的桩周土抗力的模型试验结果和API规范计算结果、双曲线模型计算结果以及本节提出的大直径桩基础的修正p–y曲线计算结果。

由图3–14的对比结果可知，采用API规范推荐的p–y曲线公式计算结果高估了大直径桩周土体的初始地基反力模量，同时在不同深度处不同程度地低估了桩周土体的极限土抗力；双曲线型p–y曲线模型的计算方法明显低估了大直径桩周土体的初始地基反力模量和极限土抗力，而本节对大直径桩周土抗力和初始地基反力模量修正后所得的p–y曲线模型与模型试验的结果吻合较好，由此可得，本节考虑尺寸效应对大直径桩基础p–y曲线影响的修正模型计算结果是可靠有效的。

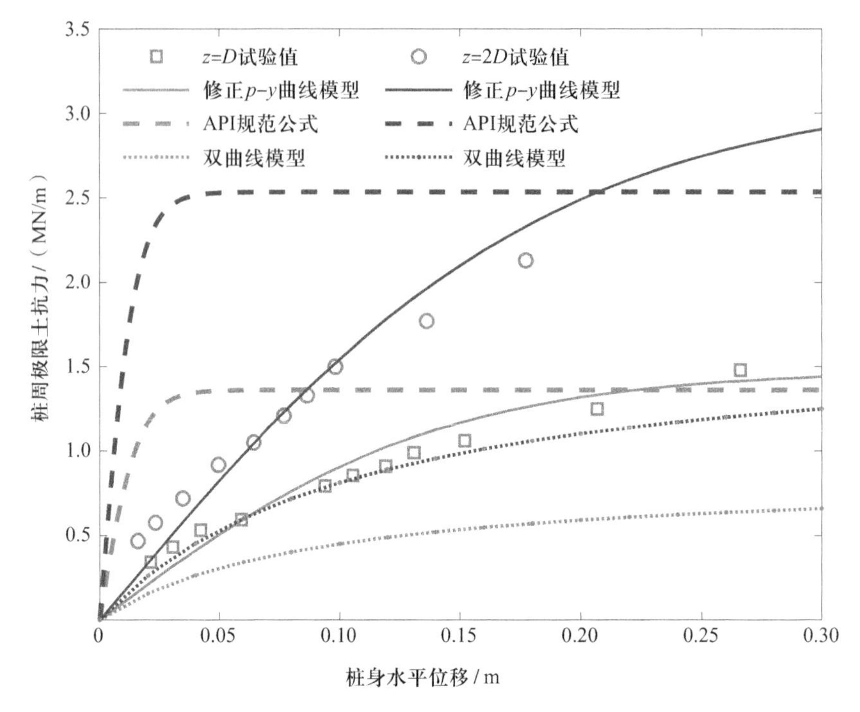

图 3-14　不同深度处 p–y 曲线与试验结果对比

2. 现场原位试验验证

为了进一步验证本节提出的修正 p–y 曲线模型的有效性，采用胡中波等人 [15] 对海洋环境中打入钢管桩基础进行水平分级加载的现场原位试验进行对比验证。原位试验中桩径为 1.9 m，桩长为 53 m，壁厚为 30 mm，上部土层为粗砂，饱和重度为 18.5 kN/m^3。图 3-15 给出了土体深度 z=4 m 处，采用本节的修正 p–y 曲线模型、API 规范公式以及双曲线模型计算的桩周极限土抗力结果与现场试验结果的对比。

由图 3-15 的结果可知，API 规范推荐的 p–y 曲线公式和双曲线型 p–y 曲线模型的计算结果均低估了桩周土体的极限土抗力，尤其是在桩身位移较大的情况下，并且 API 规范推荐的 p–y 曲线公式相比于现场试验结果高估了地基的初始反力模量。这两者与现场试验实测结果相差较大。而本节对大直径桩基础修正的 p–y 曲线模型与实测结果对比相较于其他两种方法拟合较好，同时，与胡中波等人 [15] 提出的修正双曲线模型相比也更加接近于试验值，进一步验证了本节提出的修正 p–y 曲线模型对大直径单桩基础的适用较好。

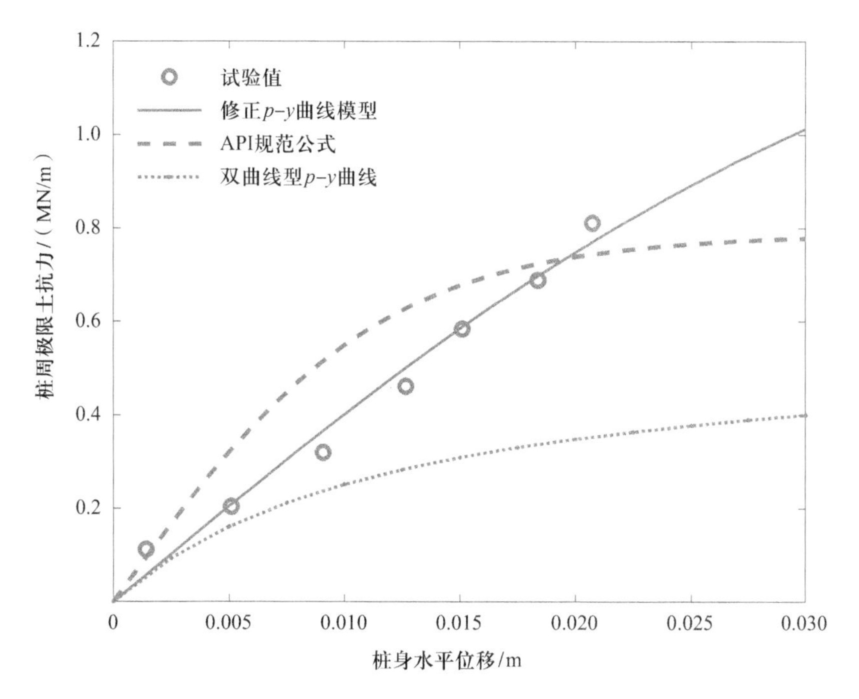

图 3–15　不同 p–y 曲线与试验结果对比

3.1.6　小结

本节基于 ABAQUS 建立了大直径桩基础的桩土相互作用的有限元计算模型，考虑大直径桩基础的尺寸效应和土体深度的影响，对极限地基土抗力和初始地基反力模量进行了修正，提出了适用于大直径桩基础的修正 p–y 曲线模型，并通过试验对比，验证了本节提出的修正 p–y 曲线模型的可靠性和有效性。通过本节研究，得出以下结论。

①对于砂土中的大直径桩基来说，在水平荷载的作用下，API 规范推荐的 p–y 曲线公式和双曲线模型均低估了土体的极限土抗力，且 API 规范高估了土体的初始地基反力模量，双曲线模型低估了土体的初始地基反力模量，在计算中造成误差。

②对于桩基在水平荷载作用下的极限土抗力的计算，主要受桩径和土体深度的影响，而桩径影响参数随桩径增大逐渐减小，深度影响参数随桩径增大而增大。

③土体初始地基反力模量随土体深度增加呈非线性增大，深度影响参数为 0.7，且初始地基反力模量随桩径增大而增大，桩径影响参数为 0.55。

3.2 循环荷载作用下大直径桩周土的刚度衰减模型

海上大直径桩基础位于复杂的海洋环境中，主要受波浪、海流以及风的荷载作用，长期处于低频循环荷载的作用下。目前，对于长期处于循环荷载作用下的水平受荷桩基础的计算，主要是通过对土体极限土抗力进行折减，一般是以静力荷载下的桩基础 p–y 曲线为基础，通过对土体极限土抗力添加折减系数来得到适用于桩基础长期循环受荷的土体极限土抗力计算公式。

刘红军等人[16]通过开展饱和粉土中桩基础水平静力和循环加载试验，提出在一定深度内，粉土极限土抗力随循环次数增加而显著减小，并给出了相应折减系数的取值。冯士伦等人[17]通过开展饱和砂土振动台试验，提出通过对静力荷载作用下的砂土 p–y 曲线进行折减得到液化砂土的 p–y 曲线，并通过与试验对比验证了该方法的正确性。罗如平等人[18]通过将土体刚度衰减模型嵌入有限元模型中，对循环次数与桩基础累积变形的规律进行了探讨，提出幂函数能够较好地反映循环荷载作用下桩基础的累积位移，并给出了函数中参数的取值。罗庆[19]通过开展室内模型试验并结合数值分析，对水平、竖向循环荷载及两者双向作用下单桩基础的响应机理进行了研究，提出在水平循环荷载作用下，单桩基础水平极限承载力会降低，且桩身最大弯矩会增大。

对静力 p–y 曲线进行折减的方法，通常只考虑了循环荷载对 p–y 曲线中极限土抗力的影响，并未考虑对土体初始地基反力模量的影响。目前研究对于长期循环荷载作用下初始地基反力模量的变化在 p–y 曲线计算中关注较少，部分学者提出砂土割线弹性模量会随荷载循环次数增加而逐渐变小，但是由于海上大直径桩基础试验研究成本较高，所以目前针对此方面的试验研究成果较少，相比之下，数值模拟的方法成本低、可以模拟多种不同工况，适用于开展海上大直径桩基础在长期循环荷载作用下桩土相互作用的研究。

ABAQUS 是功能强大的工程模拟的有限元软件，其解决问题的范围从相对简单的线性分析到许多复杂的非线性问题。ABAQUS 在有限元分析过程中，考虑到自身程序的限制性以及用户多方面的个性化需求，提供了子程序供用户自定义相关参数以及变量变化规律等。对于显式分析，ABAQUS 提供了 31

个子程序，对于隐式分析，提供了68个子程序供用户使用。用户子程序可以通过C++或者Fortran语言来编写和调用，通常使用较多的是Fortran语言。用户子程序本质上是ABAQUS分析中的一个独立模块，是嵌在ABAQUS分析当中的，不能脱离主程序而单独存在。

本节主要介绍有限元软件ABAQUS子程序的使用方法以及将砂土刚度衰减模型嵌入ABAQUS中，通过子程序实现模型中土体刚度随循环次数增加产生的衰减，从而得到循环荷载作用下土体刚度衰减的桩土模型，为后续分析刚度衰减情况下大直径桩基础的 p–y 曲线建立基础。

3.2.1 有限元软件用户子程序

1. 常用子程序介绍

有限元计算软件ABAQUS提供了大量子程序来帮助用户实现各种不同的需求，下面介绍其中常用的子程序。

（1）DLOAD（动力荷载）子程序

在有限元计算软件ABAQUS中进行荷载设置以及加载，可以通过DLOAD子程序将荷载设置为随坐标、时间变化的变量，还可以对荷载作用位置进行详细划分，极大地方便了复杂情况下荷载的模拟。

（2）UMAT（用户材料）子程序

用UMAT子程序来定义材料的力学本构行为，使材料特点以及性质更加接近实际情况，从而也提高了计算精度，方便在数值模拟中实现各种理论计算模型，可以使用依赖于解的状态变量。

（3）其他子程序

表3–6为ABAQUS中较为常用的子程序介绍，这些子程序可以帮助实现一些材料以及相应参数的自定义，大大提高软件使用效率和数据精确度。

表3–6　其他子程序介绍

子程序	子程序功能
SIGINI	定义初始应力场
UEL	自定义复杂的线性或非线性单元
UWAVE	定义复杂波浪荷载
UVARM	获取材料积分点信息，输出自定义变量

续表

子程序	子程序功能
CREEP	定义材料与时间相关的黏塑性变形
DISP	自定义边界条件

2. USDFLD 子程序

有限元计算软件 ABAQUS 的子程序 USDFLD，提供了用户自定义场变量的功能。场变量可以用于定义随某些规律变化的材料参数，即通过使材料属性（如密度、压缩模量等变量）和场变量相关，对场变量的值进行改变来达到改变材料参数的目的。

本节通过使用 USDFLD 子程序接口，对其中需要自定义的变量进行编写，从而达到了使土体压缩模量随深度变化的目的，后续通过 USDFLD 子程序将土体在长期波浪荷载作用下的刚度衰减规律嵌入有限元模型中，从而实现了海上大直径桩基础在长期高周低频荷载作用下的极限土抗力和土体初始地基反力模量的计算，最终得到了土体在长期循环荷载作用下适用的 p–y 曲线模型。

以 3.1.2 节中砂土压缩模量随深度非线性变化为例，介绍场变量使用方法。在有限元计算软件 ABAQUS 中设置土体压缩模量时，由于现有参数输入只能将压缩模量设置为固定值，并不能实现土体压缩模量随埋深增加非线性增大，所以需要通过使用子程序和设置相应场变量将式（3–6）嵌入 ABAQUS 中。根据公式进行分析，由于只考虑土体压缩模量随深度变化，所以首先需要在土体属性设置中将场变量个数设置为 1，如图 3–16 所示。此时数据一栏最右侧会增加一列，此列即为与土体压缩模量有关的场变量，在此界面对土体压缩模量和场变量的对应关系进行设置，即弹性模量和场变量为一一对应关系，此时需要在子程序文件中将式（3–6）通过 Fortran 写出并通过 ABAQUS 给出的接口组成一个完整的子程序。最后，在提交作业时添加相应用户的子程序文件，如图 3–17 所示，计算得到相应结果。

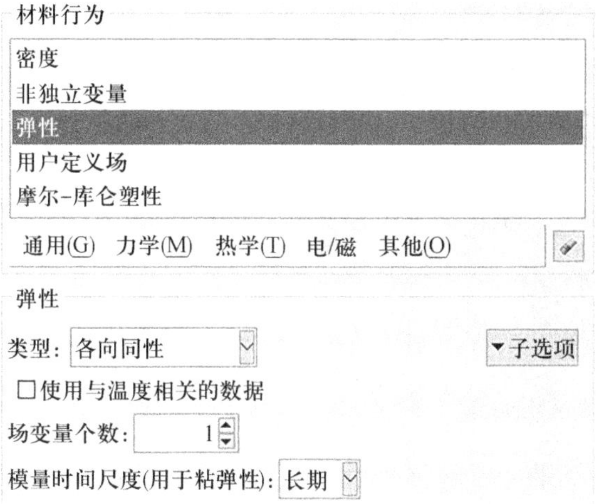

材料行为
密度
非独立变量
弹性
用户定义场
摩尔-库仑塑性
通用(G) 力学(M) 热学(T) 电/磁 其他(O)
弹性
类型：各向同性 ▾子选项
☐使用与温度相关的数据
场变量个数：1
模量时间尺度(用于粘弹性)：长期

图 3-16 ABAQUS 场变量设置图[①]

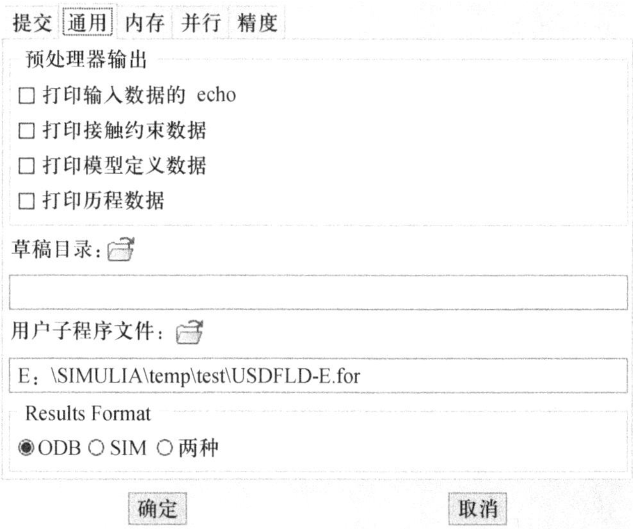

提交 通用 内存 并行 精度
预处理器输出
☐ 打印输入数据的 echo
☐ 打印接触约束数据
☐ 打印模型定义数据
☐ 打印历程数据
草稿目录：
用户子程序文件：
E：\SIMULIA\temp\test\USDFLD-E.for
Results Format
◉ODB ○SIM ○两种
确定 取消

图 3-17 ABAQUS 用户子程序文件选择

（1）状态变量

状态变量 STATEV 是指在计算过程中在子程序中可以不断更新，并且更新后可以被传递到其他子程序的变量，所以，可以利用状态变量来解决刚度衰减问题中的变量随分析步的迭代，从而实现砂土刚度随循环次数的变化。

① 图中“粘弹性”应为“黏弹性”，为了与软件界面一致，不做修改。

（2）信息传递变量

TIME（时间）1：当前增量开始处的步长时间值。

TIME2：当前增量开始处的总时间值。

COORD（坐标）：用来表示模型的坐标，不同分量表示不同方向。

本节在实现土体割线弹性模量随循环次数变化时，主要用到了状态变量以及增量步的时间，通过状态变量在不同增量步中传递土体的应力状态以及刚度衰减系数，达到土体刚度随循环次数的迭代变化。

3.2.2 砂土刚度衰减模型研究

海上风电大直径桩基础长期受到风、波浪、海流等循环荷载的影响，这些低频长期荷载会造成砂土循环弱化，使桩体产生长期累积位移，影响到结构安全。针对此种情况，国内外专家学者针对无黏性土进行了研究，主要包括两种方法，一是建立复杂的土体动力本构模型，二是根据试验经验提出相应的经验模型。循环荷载下土体动力本构模型主要有套叠屈服面模型、变界面模型等，通过此种方法来计算土体在长期循环荷载作用下的位移以及累积变形时，需要使用数值积分的方法逐步来计算每一次的变形，优点是可以准确地模拟每一次的加载过程，缺点是计算繁杂，耗时较长，难以应用于实际工程的计算。经验模型即采用室内的循环三轴试验，通过改变参数比如循环次数等，提取相应的数据，比如循环应力比，将累积变形与之联系到一起，最终得到经验性的拟合公式。此种方法的优点是公式较为简单，应用方便，缺点是精确性有待提高。

文献 [20] 通过对大量的试验数据进行分析，提出了砂土割线模量随循环次数增加而衰减的表达式：

$$\delta = \frac{G_{sN}}{G_{s1}} = \frac{\dfrac{\tau_{cyc}}{\gamma_N}}{\dfrac{\tau_{cyc}}{\gamma_1}} = \frac{\gamma_1}{\gamma_N} = N^{-s} \tag{3-19}$$

式中：δ 为砂土割线剪切模量衰减系数；G_{s1}、G_{sN} 分别为初始砂土割线剪切模量和第 N 次循环后的砂土割线剪切模量，τ_{cyc} 为循环荷载作用下砂土的循环剪应力；γ_1 为初始的土体剪应变；γ_N 为循环荷载第 N 次作用时土体的剪应变；s 为衰减回归参数，其值与土体特性有关。

对于此公式，文献 [20] 也指出，在循环三轴试验中，公式中的剪切模量、剪应变和剪应力分别换为砂土的割线弹性模量、轴向应变和循环加载应力，公式所代表的意义为砂土的割线弹性模量与循环加载次数的关系。

图 3–18 为土体的割线弹性模量的衰减系数与循环荷载作用次数 N 的关系，可以看出土体割线弹性模量是随循环次数 N 的增大而减小的。

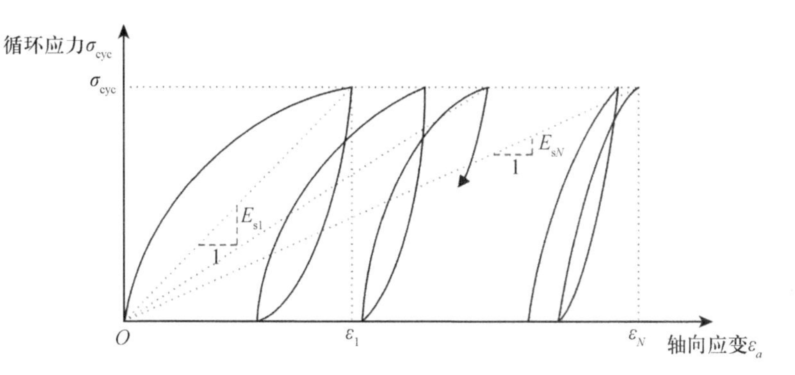

图 3–18　土体割线弹性模量随循环次数变化关系示意图

$$\delta = \frac{E_{sN}}{E_{s1}} = \frac{\dfrac{\sigma_{cyc}}{\varepsilon_N}}{\dfrac{\sigma_{cyc}}{\varepsilon_1}} = \frac{\varepsilon_1}{\varepsilon_N} = N^{-s} \tag{3–20}$$

式中：E_{s1}、E_{sN} 分别为初始砂土割线模量和第 N 次循环后的砂土割线模量；σ_{cyc} 为循环三轴试验中土体循环应力；ε_1、ε_N 分别为初始土体轴向塑性应变和第 N 次循环后的土体轴向塑性应变，N 为循环次数。

文献 [21] 通过分析提出，在循环荷载作用下，砂土的轴向塑性应变可以通过半经验公式表示：

$$\frac{E_{sN}}{E_{s1}} = \frac{\varepsilon_1}{\varepsilon_N} = N^{-aX^b} \tag{3–21}$$

$$X = \frac{\sigma_{1,cyc}}{\sigma_{1,sf}} \tag{3–22}$$

式中：X 为循环应力比；a、b 为试验回归参数；$\sigma_{1,cyc}$ 为一个循环周期内土体的最大主应力；$\sigma_{1,sf}$ 为土体在静力破坏时的最大主应力；其余参数同式（3–20）。

胡安峰等人[22]通过研究指出，砂土在受到循环荷载作用时，主要影响因素为有效围压和偏应力，并提出了采用偏应力和有效围压的比值来表示砂土在循环荷载作用下的循环应力水平，将循环应力比重新定义为式（3-23）：

$$X = \frac{\sigma_d}{\sigma_c} \tag{3-23}$$

式中：σ_d 为循环荷载下砂土的偏应力幅值；σ_c 为土体所受围压值。该定义考虑了围压以及偏应力的影响，能够准确反映砂土循环受荷特性，因此，本节采用此公式建立砂土刚度衰减的模型。

3.2.3 刚度衰减模型在软件中的实现

基于上述砂土刚度衰减的理论公式介绍，在建立长期循环荷载作用下砂土中的近海风机大直径钢管桩基础数值模型时，以大型有限元计算软件 ABAQUS 为平台，通过编写相应子程序，将砂土刚度衰减理论模型嵌入数值模型中，实现了桩周砂土刚度随着荷载循环次数变化的这一关键问题，其计算步骤简述如下。

①首先，建立海床砂土中大直径单桩基础的三维有限元模型，桩土相互作用的模型示意图如图 3-19 所示，单桩基础采用钢管桩基础；然后对整体模型进行地应力平衡并且对钢管桩基础施加重力，计算完成后通过子程序中的实用程序 GETVRM 提取土体的大主应力和小主应力的结果；最后，将土体大小主应力分别设置为状态变量 STATEV1 和 STATEV2，传递到下一步的计算中使用。

②在泥面处施加与波浪荷载峰值相等的水平力 H，重复①中操作提取大主应力，并将其设置为状态变量 STATEV3。

③将两次提取的大主应力作差，结果为每个土体的偏应力，用二者差值除以步骤①中的土体小主应力，即为每个土体单元的循环应力比，同时将循环应力比定义为状态变量 STATEV4。

④在子程序中将衰减系数 DAMAGE 设置为 $\mathrm{DAMAGE} = \frac{E_{sN}}{E_{s1}} = \frac{\varepsilon_1}{\varepsilon_N} = N^{-aX^b}$，通过调用分析步时间，实现衰减系数随循环次数变化。

钢管桩基础重力G
水平循环荷载H

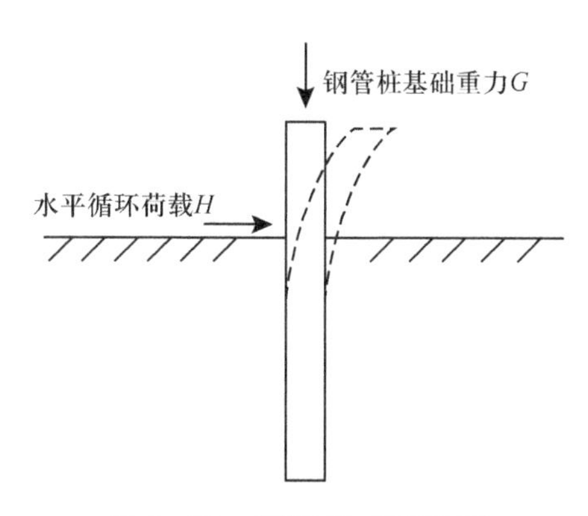

图 3-19　钢管桩加载示意图

通过以上四个步骤，可以实现子程序的编写，但是由于子程序需要和ABAQUS配合使用，所以在调用子程序之前，要对ABAQUS进行设置。

首先，对有限元计算软件ABAQUS进行场变量和状态变量的设置，本节非独立变化的状态变量为6个，且土体压缩模量只随深度变化，因此将状态变量个数和场变量个数分别设置为6和1，具体设置如图3-20和图3-21所示；同时在Fortran中编制相应变化规律的子程序嵌入ABAQUS有限元模型中，实现了砂土割线弹性模量随着荷载循环作用次数的增大而衰减，进而可以根据有限元计算的结果得到桩周土体经过长期循环荷载作用后的力学性能和规律。

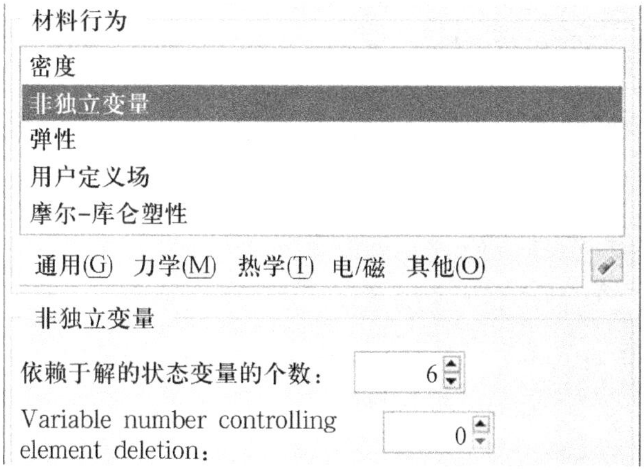

材料行为
密度
非独立变量
弹性
用户定义场
摩尔-库仑塑性
通用(G)　力学(M)　热学(T)　电/磁　其他(O)
非独立变量
依赖于解的状态变量的个数：
6
Variable number controlling element deletion：
0

图 3-20　ABAQUS 中的非独立变量设置

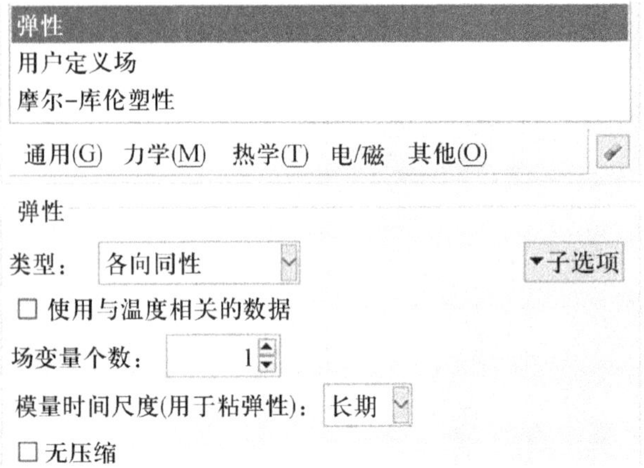

弹性
用户定义场
摩尔-库伦塑性

通用(G) 力学(M) 热学(T) 电/磁 其他(O)

弹性

类型：各向同性 ▾子选项

☐ 使用与温度相关的数据

场变量个数：1

模量时间尺度(用于粘弹性)：长期

☐ 无压缩

图 3-21 ABAQUS 中的场变量设置

3.2.4 小结

本节针对位于长期循环荷载作用下的砂土，对现有的砂土割线弹性模量衰减理论进行了分析，选取合适的土体刚度衰减随循环次数变化的规律；同时对 ABAQUS 用户子程序进行了介绍，主要介绍了 USDFLD 用户子程序的使用方法以及状态变量和场变量的应用范围，交代了砂土刚度衰减模型在有限元软件中的实现过程，通过 Fortran 对用户子程序进行编程，将土体刚度衰减模型嵌入有限元软件中，实现了对有限元软件的二次开发，为后续进行模型分析奠定了理论以及模型基础。

3.3 循环荷载作用下砂土刚度衰减的大直径桩 p-y 曲线修正

海上风电基础长期处于复杂的海洋环境中，同时受到波浪、海流荷载的影响，所以针对此种情况下的桩基水平受荷的计算，并不能用已有的 p-y 曲线来计算。本节首先基于莫里森（Morison）方程以及斯托克斯二阶波浪理论，推导了近海风机桩基础的波浪和海流荷载的计算公式，并针对不同直径的大直径桩分别计算其受到的波浪力。然后，将波浪力施加到桩土相互作用的数值模型中，将砂土刚度衰减模型嵌入有限元计算平台 ABAQUS 中，通过编制相应的子程序实现桩周土体刚度随着循环次数的增加而衰减。最后，通过计算得到土体的极限土抗力和初始地基反力模量随循环次数的变化规律，并对

p–y曲线公式进行修正，得到了考虑桩周土体随循环荷载增大发生刚度衰减的大直径桩基础p–y曲线公式。

3.3.1 波流荷载计算

近海风机的单桩基础位于复杂的海洋环境中，长期受到波浪荷载、海流荷载、风荷载等循环荷载的作用，为得到更加接近于真实情况的循环荷载值，需选取合适的波浪理论进行计算。对于不同的边界条件，有以下两种常见的波浪理论。

1. 线性波理论

线性波理论即艾里（Airy）波理论，线性波也称为微幅波，此理论假定波浪振幅足够小，从而忽略计算公式中的非线性项，得到近似的线性解，其存在一定的限制性，主要适用于波浪振幅较小的情况。

2. 斯托克斯有限振幅波理论

斯托克斯有限振幅波理论考虑了波浪自由水面的非线性，与实际情况中波浪的非线性较为接近，同时与线性波对比，斯托克斯有限振幅波理论的计算结果更加接近于真实情况。

海上风电桩基础主要分布在近海水域，水深较浅，从而导致波浪的非线性特性较为明显。由于斯托克斯二阶波浪理论考虑了波浪的非线性，所以本节采用莫里森方程和斯托克斯二阶波浪理论对桩基所受波浪力以及海流力进行计算。

海上风电单桩基础的主要形式为圆形钢管桩，而对于海洋环境中的受荷圆柱体，一般可以通过莫里森方程进行计算，当钢管桩直径与波长的比值满足$D/L<0.15$时，认为波浪在海洋中的传播受到桩基础的影响较小，可以忽略。此时波浪对柱体的作用可以认为主要是由黏滞效应和附加质量效应引起的。其中，黏滞效应是指流体的黏滞性使桩受到的拖曳力，而附加质量效应是指流体运动的惯性使结构受到的惯性力。二者组成了海上桩基础所受到的波浪力：一是惯性力f_I，其大小与加速度成正比；二是拖曳力f_D，其大小与速度的平方成正比。

拖曳力f_D是由波浪水质点运动的水平速度ux引起的对柱体的作用力。莫里森方程认为波浪对柱体的拖曳力与单向定常水流作用在柱体上的拖曳力的模式相同，但与定向常水流有所区别的是，波浪水质点会做周期性的往复

运动，导致其水平速度 ux 的正负性也会发生周期性变化，因而对桩基产生的拖曳力也应考虑其方向的变化，故在拖曳力公式中用 $ux|ux|$ 来代替，以保证拖曳力正负的周期性，对于海上桩基，拖曳力按照式（3–24）进行计算：

$$f_{\mathrm{D}}=\frac{1}{2}C_{\mathrm{D}}\rho Du_x\left|u_x\right| \tag{3–24}$$

对于由波浪水质点运动的水平加速度引起的惯性力 f_{I}，当受荷对象为圆柱体时，惯性力可按式（3–25）进行计算：

$$f_{\mathrm{I}}=C_{\mathrm{M}}\rho\frac{\pi D^2}{4}\frac{\partial u_x}{\partial t} \tag{3–25}$$

因此，作用于大直径单桩基础任意高度处单位柱高上的水平波浪力为：

$$f_{\mathrm{H}}=f_{\mathrm{D}}+f_{\mathrm{I}}=\frac{1}{2}C_{\mathrm{D}}\rho Du_x\left|u_x\right|+C_{\mathrm{M}}\rho\frac{\pi D^2}{4}\frac{\partial u_x}{\partial t} \tag{3–26}$$

式中：f_{D} 为拖曳力；f_{I} 为惯性力；D 为柱体直径；C_{D} 为拖曳力系数；ρ 为海水密度；C_{M} 为惯性力系数，t 为时间。C_{D} 与 C_{M} 通常可根据模型试验和现场观测获得。由于不同海域的海况有差别，因此其结果有较大离散性，根据本节的荷载条件，结合海洋工程规范取 C_{D}=1.2，C_{M}=2.0。

在海洋环境中，波浪荷载并不是独立存在的，与之同时发生传播的还有水流，同时水流会影响波浪参数，例如，使波高变大，从而对波浪力产生较为明显的影响。对于二者的耦合关系，由于水流流速远小于波浪传播速度，海流运动随时间变化较为缓慢，所以可以忽略海流速度随时间的变化，将海流速度视为定值，此时可以在波浪荷载产生的拖曳力的基础上考虑水流的影响，将水流流速引入拖曳力的计算中，如式（3–27）所示：

$$f_{\mathrm{D}}=\frac{1}{2}C_{\mathrm{D}}\rho D(u_x+u_{\mathrm{c}})\left|(u_x+u_{\mathrm{c}})\right| \tag{3–27}$$

式中：u_x 为波浪水质点运动的水平速度；u_{c} 为海流流速；其余参数含义同式（3–26）。

因此，考虑海流影响时，根据莫里森方程得到的波浪及海流荷载计算公式如式（3–28）所示：

$$f_{\mathrm{H}}=f_{\mathrm{D}}+f_{\mathrm{I}}=\frac{1}{2}C_{\mathrm{D}}\rho D(u_x+u_{\mathrm{c}})\left|(u_x+u_{\mathrm{c}})\right|+C_{\mathrm{M}}\rho\frac{\pi D^2}{4}\frac{\partial u_x}{\partial t} \tag{3–28}$$

式（3–28）中的速度和加速度项一般需要根据不同的波浪理论确定，参考实际工程资料中的波浪参数，采用斯托克斯二阶波浪理论进行计算，波浪、海流荷载参数如表 3–7 所示。

表 3–7　波浪、海流荷载计算参数

波浪、海流荷载计算参数	水深 d	海流流速 U_c	波高 H	周期 T	波长 L
取值	5 m	0.88 m/s	2.13 m	10.86 s	71.3 m

考虑海流影响时，斯托克斯二阶波浪速度势函数为：

$$\phi_V = \frac{\pi H_V}{kT}\frac{\cosh kz}{\sinh kd}\sin(kx-\omega t)+\frac{3}{8}\frac{\pi^2 H_V}{kT}\left(\frac{H_V}{L_V}\right)\frac{\cosh 2kz}{\sinh^4 kd}\sin 2(kx-\omega t) \quad (3\text{–}29)$$

式中：d 为水深；T 为波浪周期；$k=2\pi/L_V$ 为波数；$\omega=2\pi/T$ 为波浪频率；L_V 为水流中的波长；H_V 为水流中的波高，i 表示土体深度。

将速度势函数进行偏微分处理即可得到波浪水质点运动的速度和加速度，公式如下：

$$u_x = \frac{\partial \phi_V}{\partial x} = \frac{\pi H_V}{T}\frac{\cosh kz}{\sinh kd}\cos(kx-\omega t)+\frac{3}{4}\frac{(\pi H_V)^2}{L_V T}\frac{\cosh 2kz}{\sinh^4 kd}\cos 2(kx-\omega t) \quad (3\text{–}30)$$

$$\frac{\partial u_x}{\partial t} = \frac{2\pi^2 H_V}{T^2}\frac{\cosh kz}{\sinh kd}\sin(kx-\omega t)+3\pi\frac{(\pi H_V)^2}{L_V T^2}\frac{\cosh 2kz}{\sinh^4 kd}\sin 2(kx-\omega t) \quad (3\text{–}31)$$

然后，将根据上式得到的速度以及加速度公式代入莫里森方程中，即可得到作用在桩基础上的波流荷载，其中，桩基受到的拖曳力计算公式为：

$$f_D = \frac{1}{2}C_D\rho D\left[\frac{\pi H_V}{T}\frac{\cosh kz}{\sinh kd}\cos(kx-\omega t)+\frac{3}{4}\frac{(\pi H_V)^2}{L_V T}\frac{\cosh 2kz}{\sinh^4 kd}\cos 2(kx-\omega t)+u_c\right]$$
$$\left|\left[\frac{\pi H_V}{T}\frac{\cosh kz}{\sinh kd}\cos(kx-\omega t)+\frac{3}{4}\frac{(\pi H_V)^2}{L_V T}\frac{\cosh 2kz}{\sinh^4 kd}\cos 2(kx-\omega t)+u_c\right]\right|$$

（3–32）

惯性力计算公式为：

$$f_{\mathrm{I}} = C_{\mathrm{M}}\rho\frac{\pi D^2}{4}\left[\frac{2\pi^2 H_{\mathrm{V}}}{T^2}\frac{\cosh kz}{\sinh kd}\sin(kx-\omega t)+3\pi\frac{(\pi H_{\mathrm{V}})^2}{L_{\mathrm{V}}T^2}\cdot\frac{\cosh 2kz}{\sinh^4 kd}\sin 2(kx-\omega t)\right] \tag{3-33}$$

最终得到单位长度桩柱上的波浪与海流荷载计算公式为：

$$\begin{aligned} f_{\mathrm{H}} &= f_{\mathrm{D}} + f_{\mathrm{I}} \\ &= \frac{1}{2}C_{\mathrm{D}}\rho D\left[\frac{\pi H_{\mathrm{V}}}{T}\frac{\cosh kz}{\sinh kd}\cos(kx-\omega t)+\frac{3}{4}\frac{(\pi H_{\mathrm{V}})^2}{L_{\mathrm{V}}T}\frac{\cosh 2kz}{\sinh^4 kd}\cos 2(kx-\omega t)+u_{\mathrm{c}}\right] \\ &\quad \left\|\frac{\pi H_{\mathrm{V}}}{T}\frac{\cosh kz}{\sinh kd}\cos(kx-\omega t)+\frac{3}{4}\frac{(\pi H_{\mathrm{V}})^2}{L_{\mathrm{V}}T}\frac{\cosh 2kz}{\sinh^4 kd}\cos 2(kx-\omega t)+u_{\mathrm{c}}\right\| \\ &\quad + C_{\mathrm{M}}\rho\frac{\pi D^2}{4}\left[\frac{2\pi^2 H_{\mathrm{V}}}{T^2}\frac{\cosh kz}{\sinh kd}\sin(kx-\omega t)+3\pi\frac{(\pi H_{\mathrm{V}})^2}{L_{\mathrm{V}}T^2}\frac{\cosh 2kz}{\sinh^4 kd}\sin 2(kx-\omega t)\right] \end{aligned} \tag{3-34}$$

为得到作用于整段单桩基础上的波浪及海流合力，沿桩长对泥面处到水面处的单位桩柱波浪力 f_{H} 进行积分：

$$F_{\mathrm{H}} = \int_0^d f_{\mathrm{H}}\,\mathrm{d}z \tag{3-35}$$

上述这些公式中：d 为水深；u_{c} 为海流流速；T 为波浪周期；$k=2\pi/L_{\mathrm{V}}$ 为波数；$\omega=2\pi/T$ 为波浪频率；L_{V} 为水流中的波长；H_{V} 为水流中的波高；其他参数含义同式（3–29）。

在上述推导的理论公式的基础上，首先，将波浪力与海流力通过 MATLAB 编程进行计算，分别计算其单位长度所受到的波浪力，然后，对桩长进行积分计算，最后，得到海上大直径桩基础所受到的总波浪力和海流力，如图 3–22 至图 3–27 所示。

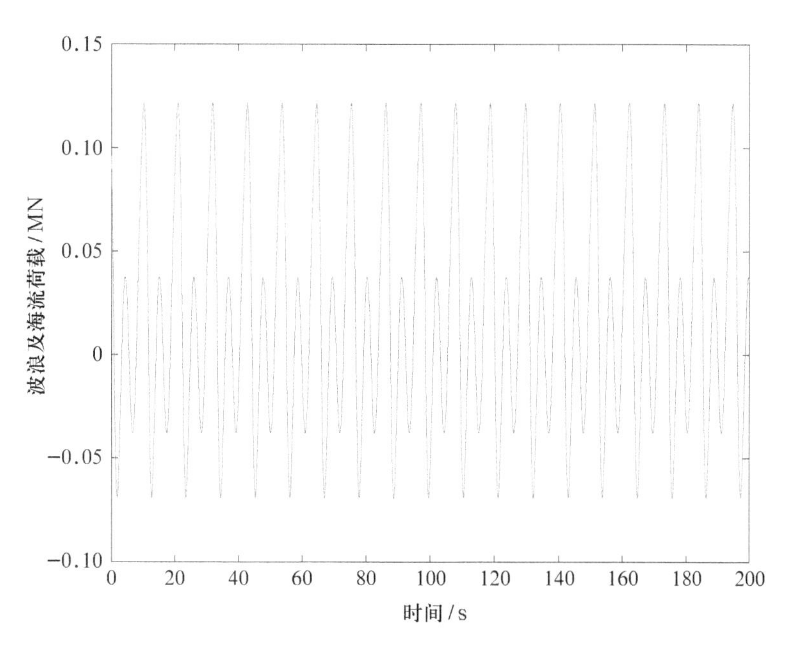

图 3-22　2 m 桩径波流荷载时程图

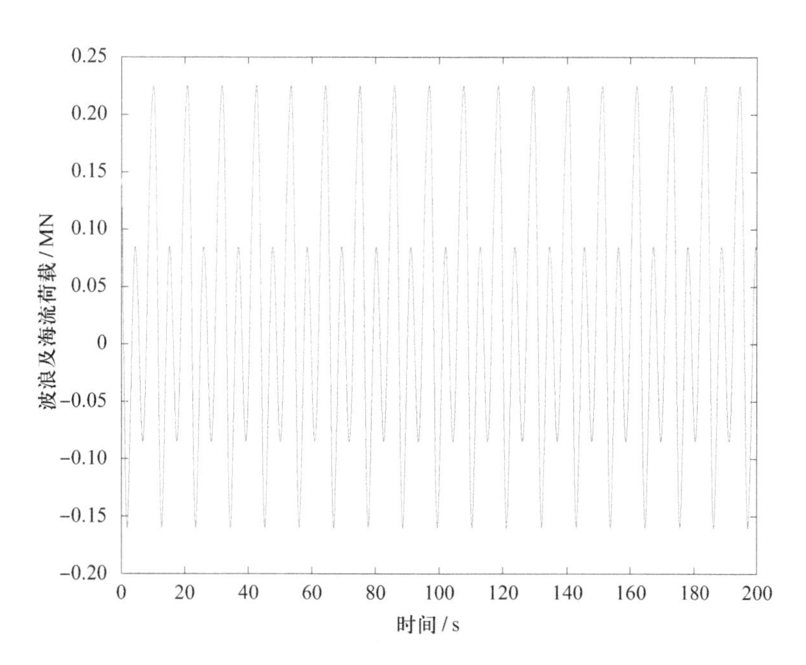

图 3-23　3 m 桩径波流荷载时程图

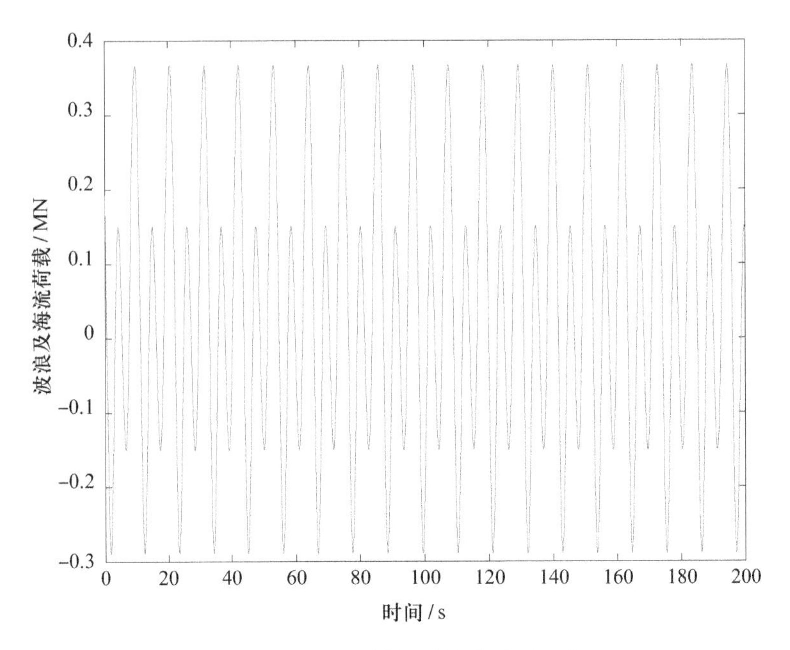

图 3-24　4 m 桩径波流荷载时程图

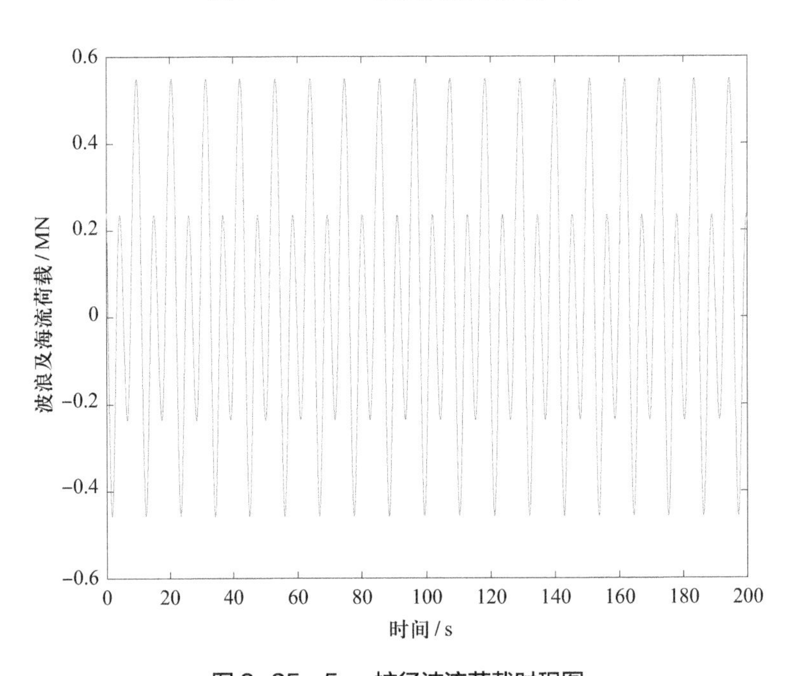

图 3-25　5 m 桩径波流荷载时程图

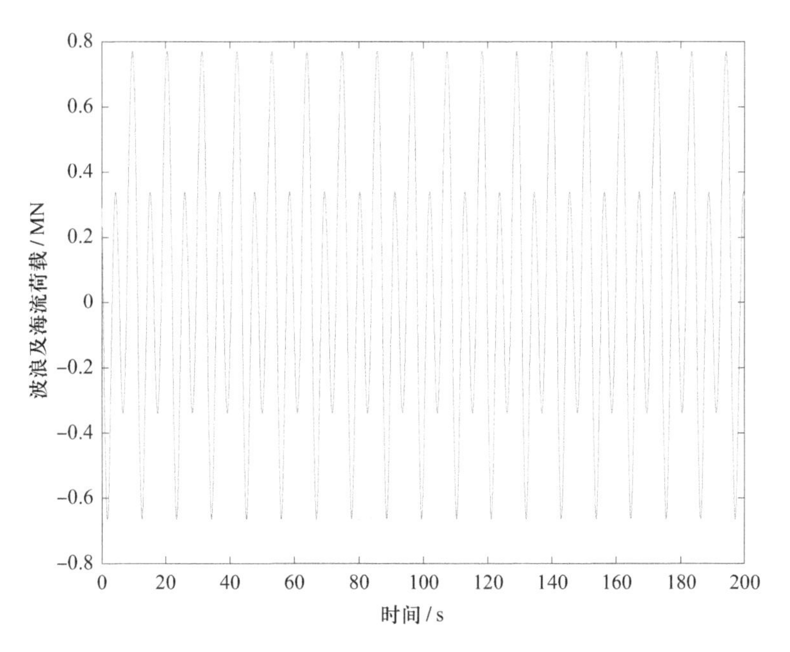

图 3-26　6 m 桩径波流荷载时程图

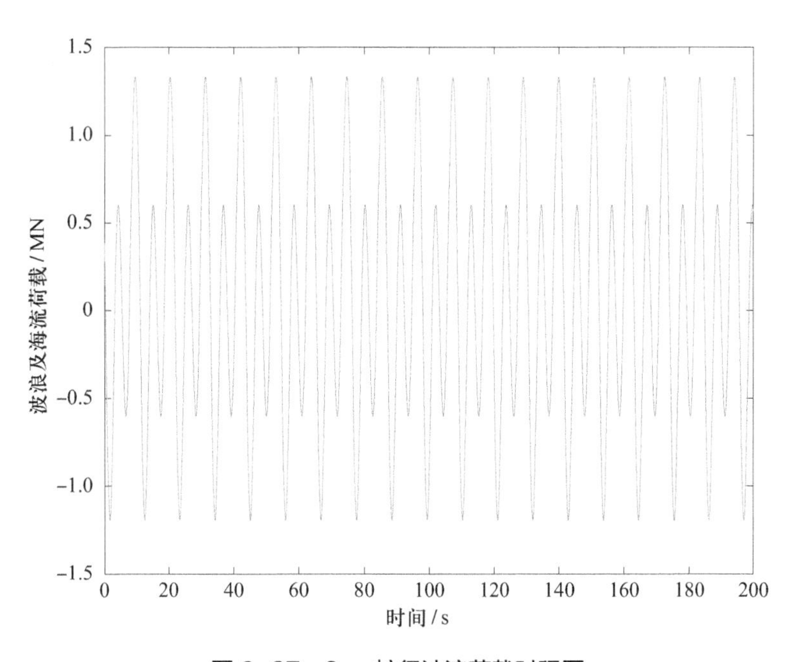

图 3-27　8 m 桩径波流荷载时程图

由图 3-22 至图 3-27 可以看出，由于海流荷载的影响，钢管桩基础所受的波浪力为峰谷交替，随着桩径增大，钢管桩基础所受的波浪力也在增大。

由于波峰波谷交替，本节在选取循环荷载峰值时，出于安全考虑，选取波浪力和海流力耦合的最大峰值作为数值模型计算用的水平荷载，并将其施加到近海风机系统大直径桩基础桩土相互作用数值模型的计算中，从而得到大直径桩基础桩土模型中在循环荷载作用时的各项参数。

3.3.2 土体刚度衰减计算结果

本节利用有限元软件 ABAQUS 建立不同尺寸桩径的桩土模型，除将土体刚度衰减公式嵌入数值模型中以外，其余参数同第 2 章，数值模型中桩基础为空心钢管桩基础，桩体采用弹性模型，桩径范围为 2 m、4 m、6 m 和 8 m，桩体埋深为 40 m。以 2 m 桩径桩土模型为例，为减少边界效应对计算模型的影响，桩底距土体底面的距离大于或等于 5 倍桩径，故土体厚度设为 60 m，土体模型的直径范围为 20 倍桩径。

首先，针对直径分别为 2 m、4 m、6 m 和 8 m 的钢管桩基础的桩土相互作用体系进行了循环荷载作用下桩周土刚度衰减的计算，由于近海风机系统承受的荷载多数情况下为长期作用的高周低频循环荷载，循环次数多达上万次，考虑到计算效率，为了得到桩周海床土体的刚度衰减特点和规律，本节以桩径为 6 m 的桩土模型为例，对比其在 1×10^2、1×10^3、1×10^5、1×10^6 等不同衰减次数后土体模量衰减系数 DAMAGE 的分布云图，其中，*X*–*Z* 平面视图如图 3–28 所示，*Y* 方向剖面视图如图 3–29 所示。

根据衰减系数分布云图可知，土体衰减系数分布以 *X* 轴为对称轴对称分布，衰减系数以桩基础为原点，向四周逐渐增大，即越靠近桩基础的土体，其刚度衰减程度也就越大。同时，随着循环次数的增加，刚度受循环荷载影响的土体范围增大，且最小刚度衰减系数也减小，可见，土体刚度衰减程度也是随循环次数增加而增大的。

3.3.3 长期循环荷载作用下极限土抗力的修正

为了研究在海洋循环荷载长期作用下大直径单桩基础的桩土相互作用，将上述理论分析得到的砂土在循环荷载作用下的刚度衰减模型嵌入 ABAQUS 有限元数值计算模型中，通过增加循环次数使土体刚度衰减，进而达到模拟砂土在长期循环荷载作用下刚度衰减之后的力学特性。

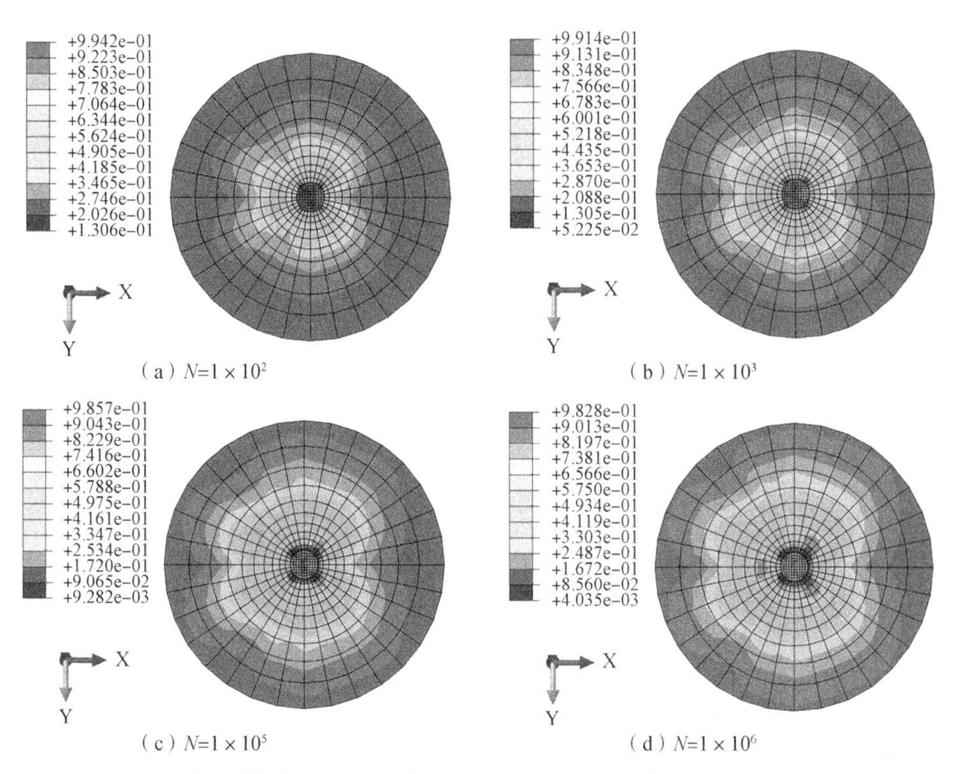

（a）$N=1\times10^2$　（b）$N=1\times10^3$

（c）$N=1\times10^5$　（d）$N=1\times10^6$

图3-28　6 m桩径模型在不同循环荷载作用下刚度衰减系数Z方向云图（彩图见插页）

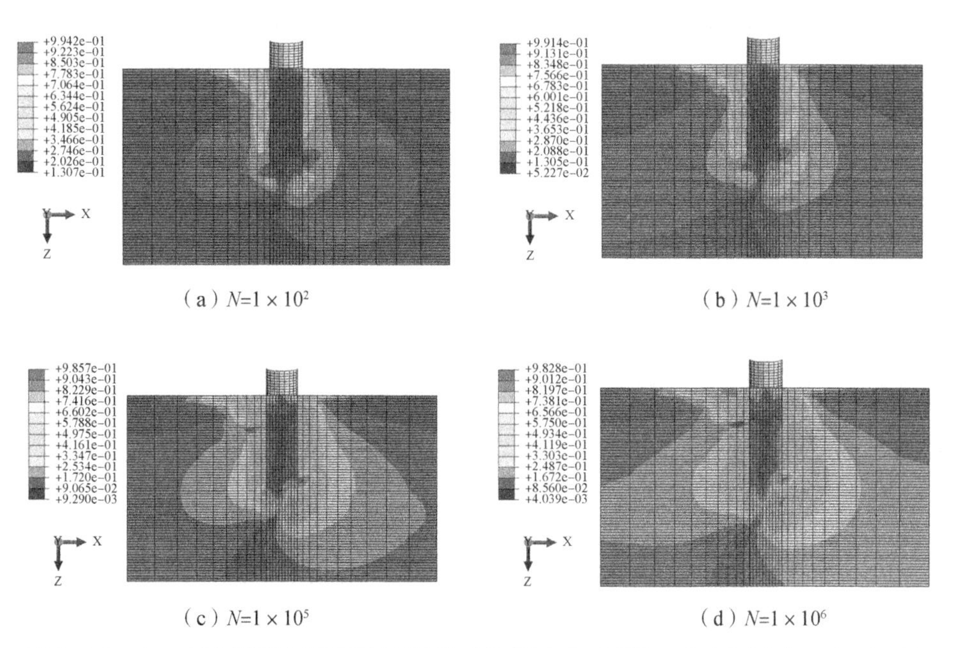

（a）$N=1\times10^2$　（b）$N=1\times10^3$

（c）$N=1\times10^5$　（d）$N=1\times10^6$

图3-29　6 m桩径模型在不同循环荷载作用下刚度衰减系数Y方向云图（彩图见插页）

不同桩径桩土模型不同深度处的极限土抗力随循环次数的变化如图 3-30 所示。可以看出，随着桩径的增大，不同深度处桩周土体的极限土抗力仍然呈增大的趋势，但是由于土体刚度随荷载循环次数增加而衰减，所以，随着循环次数的增加，不同深度处的土体极限土抗力减小，且当循环次数满足 $1\times10^2 \leqslant N \leqslant 1\times10^5$ 时，土体极限土抗力随循环次数增加衰减较为明显，而当循环次数满足 $1\times10^5 \leqslant N \leqslant 1\times10^6$ 时，土体极限土抗力随循环次数增加衰减不明显。这也说明：土体长期处于高周低频的海上循环荷载作用的环境中，其刚度衰减是不可忽略的影响因素；这种环境会对土体极限土抗力产生影响，降低土体承载能力，从而使桩基更容易产生水平向变形。

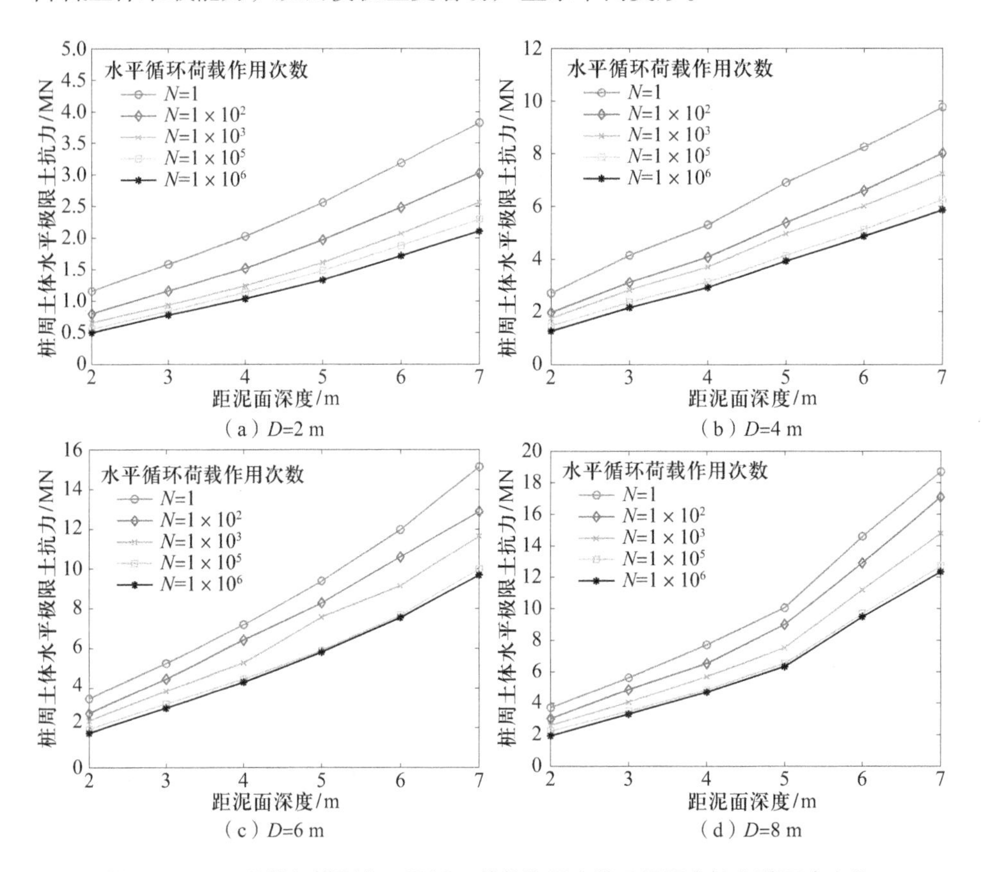

图 3-30　不同桩径模型在不同循环荷载作用次数下极限土抗力随深度变化

3.1 节提出的 p-y 曲线修正模型主要考虑了极限土抗力对大直径桩基础不适用的情况，从尺寸效应对极限土抗力和初始地基反力模量的影响两方面进行了修正，提出大直径桩在静力荷载作用下极限土抗力计算公式如式（3-10）

至式（3–12）所示。但考虑实际情况，海上风电大直径桩基础长期受到循环荷载作用，不仅桩基会产生累积位移，而且土体刚度也随循环荷载作用次数增加而衰减，土体极限土抗力也随之衰减，从而导致式（3–10）至式（3–12）会高估长期循环荷载作用下的土体极限土抗力，公式将不再适用于此种情况下的计算。本节仍然以式（3–10）为基础，通过考虑长期循环荷载作用下土体刚度衰减以及大直径桩的尺寸效应对极限土抗力公式进行修正，最终得到适用于长期循环荷载作用下的极限土抗力计算公式。

图 3–31 为不同桩径桩土模型在不同循环次数下土体极限土抗力的变化曲线以及和现有 API 规范推荐的 p–y 曲线的对比。

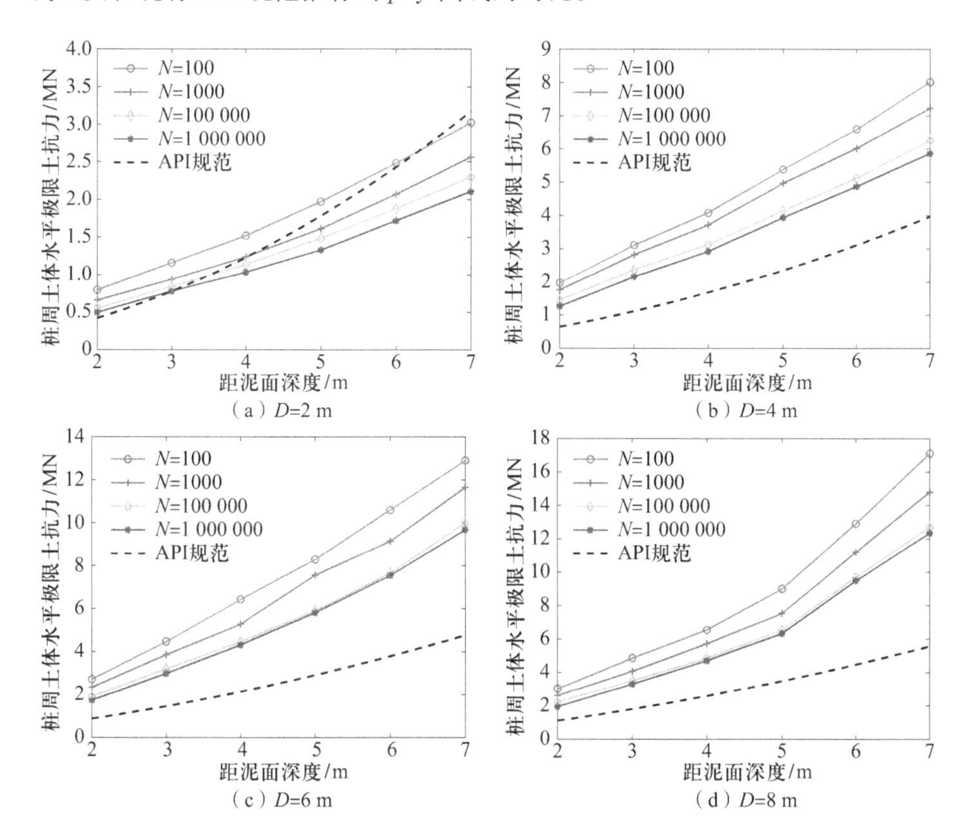

图 3–31　不同桩径模型极限土抗力随循环次数的变化曲线

将不同次数循环荷载作用下的土体极限土抗力数值模拟结果与 API 规范理论计算结果进行对比可以看出：当桩径为 2 m 时，API 规范计算得出的循环荷载作用下的土体极限土抗力对于不同的循环次数，随深度增加会从低估极限土抗力转变为高估极限土抗力，结果并不准确，无法表现极限土抗力随循环次数增加而减小的规律。而对于直径大于 2 m 的桩土模型来说，API 规范均明显低估了极限土抗力且也无法表现极限土抗力随循环次数增加而减小的规律。

为得到不同桩径模型的极限土抗力随荷载循环次数的变化规律，本节以 N=1 时的土体极限土抗力为基础，对不同桩径桩土模型在不同荷载循环次数作用下的土体极限土抗力进行归一化，发现归一化后的极限土抗力在不同深度处与循环次数 N 存在如式（3–36）所示的指数函数关系。

$$\frac{p_{uN}}{p_{u1}}=a_{Dn}\mathrm{e}^{(b_{Dn}\cdot\ln N)}+c_{Dn} \tag{3–36}$$

式中：p_{uN} 为 N 次水平循环荷载作用后土体极限土抗力；p_{u1} 为初始土体极限土抗力；a_{Dn}、b_{Dn}、c_{Dn} 为修正参数。

以不同桩径的模型计算结果为基础，用 MATLAB 对式（3–36）进行拟合，得到修正系数，不同深度处拟合曲线如图 3–32 所示。

由图 3–32 的拟合曲线可知，采用指数函数可以较为准确地表示归一化极限土抗力和循环次数的关系，同时通过横向对比也可以看出，随着桩径的增大，相同深度处的极限土抗力衰减程度逐渐减小。

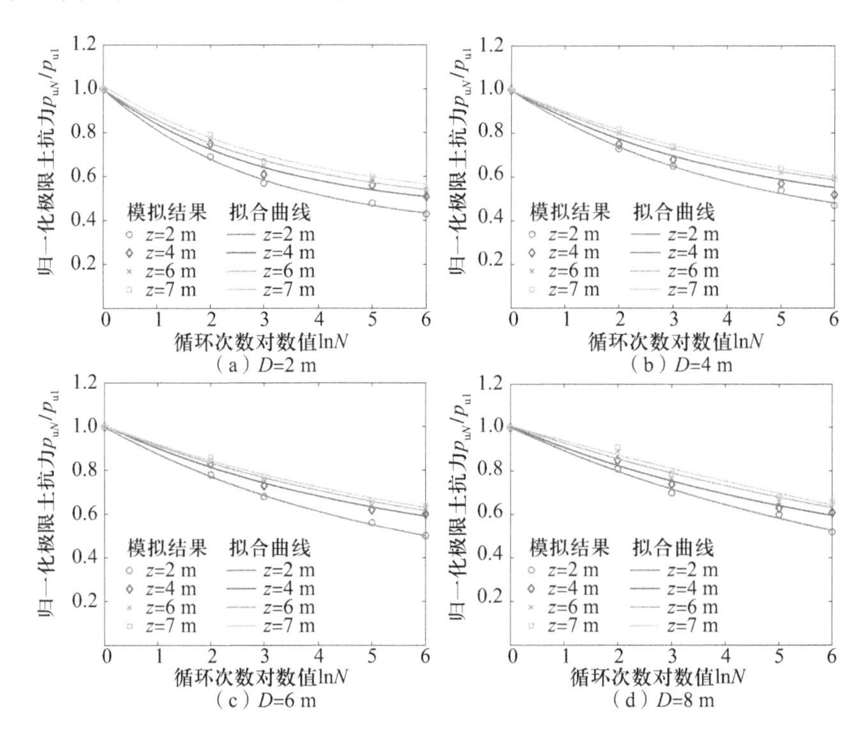

图 3–32 归一化极限土抗力拟合曲线

各修正参数结果如表 3–8 所示，由表中参数的拟合结果可以看出，修正参数较多且各参数变化规律并不明显。

表 3–8　4 m 桩径模型修正参数结果

深度 /m	2	3	4	5	6	7
参数 a_{D4}	0.668	0.602	0.58	0.574	0.565	0.594
参数 b_{D4}	–0.247	–0.257	–0.246	–0.232	–0.219	–0.187
参数 c_{D4}	0.330	0.397	0.419	0.425	0.435	0.406

为得到更加明确的参数随深度以及桩径的变化规律，结合其他桩径参数拟合结果，取平均数 a_D=0.6，c_D=0.4，将参数变化集中体现到参数 b_D，不同桩径桩土模型的参数拟合结果如表 3–9 所示。

表 3–9　不同桩径模型修正参数结果

深度 /m	2	3	4	5	6	7
参数 b_{D2}	–0.404	–0.328	–0.293	–0.268	–0.249	–0.233
参数 b_{D4}	–0.305	–0.260	–0.233	–0.216	–0.198	–0.184
参数 b_{D6}	–0.261	–0.212	–0.190	–0.178	–0.167	–0.156
参数 b_{D8}	–0.229	–0.197	–0.179	–0.164	–0.148	–0.137

由表 3–9 可以看出，对于 4 个不同直径的桩土模型来说，参数 b_D 的绝对值均随深度增加而逐渐减小，为得到 b_D 随深度变化的规律，结合表中参数变化趋势，提出采用幂函数拟合不同桩径参数 b_D 随深度变化的规律，如式（3–37）所示。

$$b_D = \alpha_1 \cdot z^{\beta_1} \tag{3-37}$$

同样，为得到明显的参数变化规律，将参数变化集中体现在参数 α_1 上，此时取平均值 β_1=–0.41，具体参数拟合结果见表 3–10，不同桩径模型修正参数拟合结果如图 3–33 所示，可以看出此种拟合方法能较为准确地体现参数 b_D 随深度变化的规律。

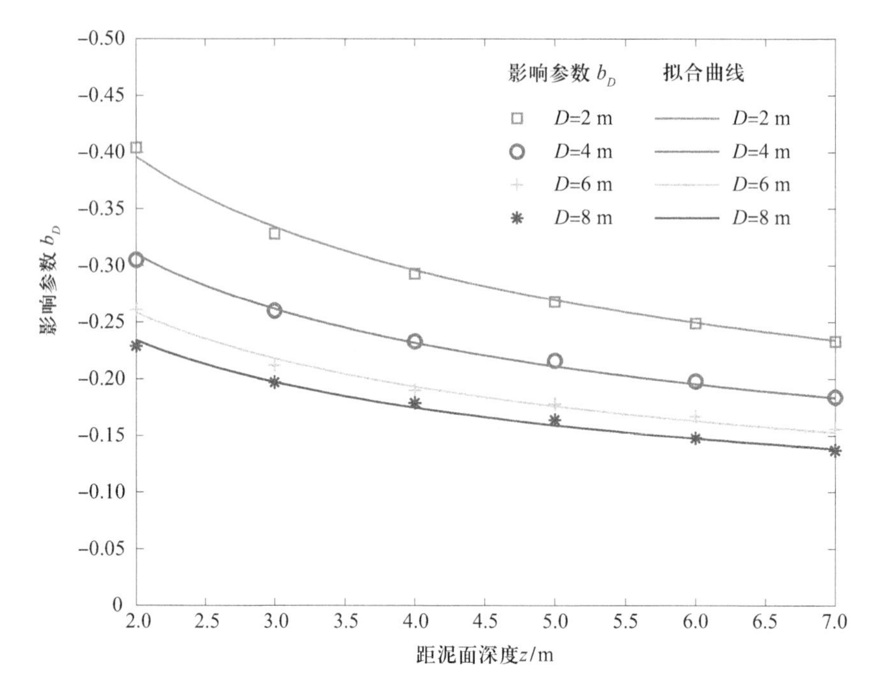

图 3–33　影响参数 b_D 拟合曲线

由表 3–10 可以看出，影响参数 α_1 随着桩径的增大而逐渐增大，说明其变化规律受到桩径影响。为得到影响参数 α_1 随桩径变化的规律，采用幂函数对二者进行拟合，如式（3–38）所示。

$$\alpha_1 = a' \cdot D^{b'} \tag{3–38}$$

表 3–10　不同桩径模型修正参数结果

桩径 /m	2	4	6	8
参数 α_1	–0.52	–0.41	–0.34	–0.31
参数 β_1	–0.41	–0.41	–0.41	–0.41

通过对影响参数 α_1 和直径 D 进行拟合，得到拟合参数 a'=–0.693，b'=–0.381，具体拟合结果如图 3–34 所示。

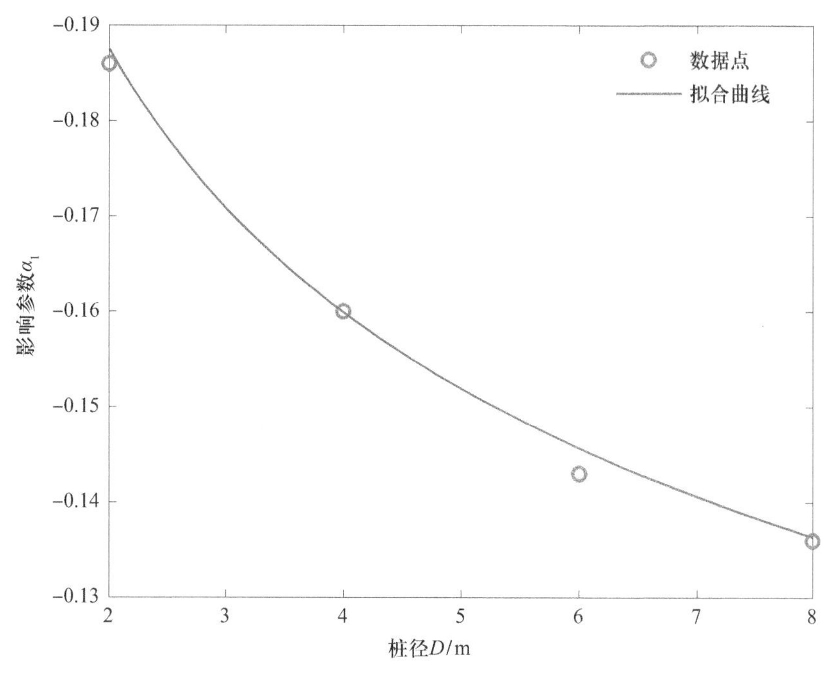

图 3-34　影响参数 α_1 拟合曲线

由图 3-34 可以看出，拟合后的计算公式可以较为准确地表达出影响参数 α_1 与桩径的关系。

最终在对影响参数 α_1 和 bD 与桩径进行拟合的结果基础上，结合式（3-36）的拟合结果，得到大直径桩基础极限土抗力的计算公式如下：

$$\frac{p_{uN}}{p_{u1}} = 0.6 \cdot e^{(b_{Dn} \cdot \ln N)} + 0.4 \tag{3-39}$$

$$b_D = \alpha_1 \cdot z^{-0.42} \tag{3-40}$$

$$\alpha_1 = -0.693 \cdot D^{-0.381} \tag{3-41}$$

将修正后的极限土抗力公式计算结果与数值模拟结果进行对比，结果如图 3-35 所示。由图可见，对于水平循环荷载作用不同次数后的桩土模型，修正后的大直径桩基础极限土抗力计算公式可以较为准确地计算桩周土体的极限土抗力沿深度的变化，验证了本节提出的土体经过长期循环荷载作用后大直径桩基础极限土抗力修正公式的正确性。

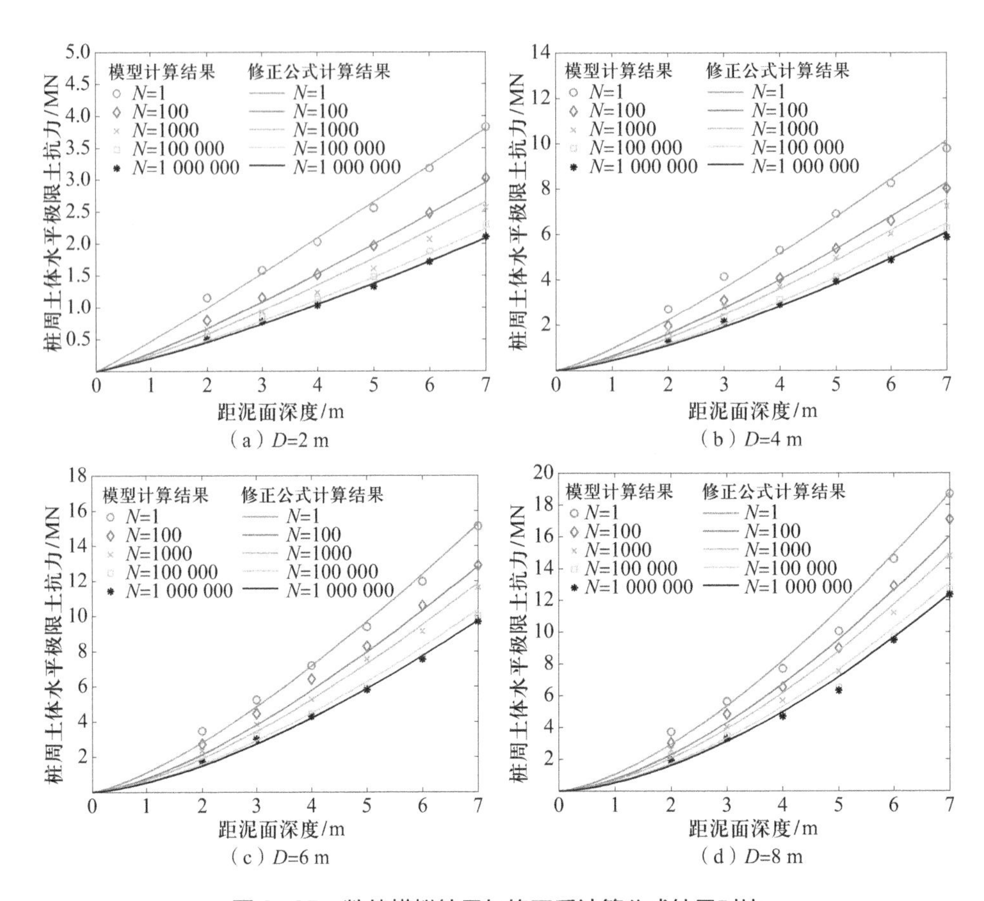

图 3-35　数值模拟结果与修正后计算公式结果对比

3.3.4　长期循环荷载作用下初始地基反力模量的修正

对于受长期水平循环荷载作用的大直径桩基础，由于循环荷载会使土体刚度产生衰减，所以在考虑初始地基反力模量随桩径的变化规律的同时，还需要考虑其随循环次数的变化。由于 3.1 节仅限于大直径桩基础在水平静力作用下的情况，并未考虑海上风电基础位于复杂的海洋环境之中，受到长期的波浪循环荷载作用，因此本节针对土体经过长期波浪循环荷载的情况，对桩径尺寸效应和土体埋深对桩周土体的初始地基反力模量的影响进行研究，并对现有 p–y 曲线模型中初始地基反力模量进行修正，以此来得到海洋环境中综合考虑土体深度和桩径影响的初始地基反力模量的修正公式。

不同荷载循环次数下各个桩径初始地基反力模量随深度变化对比如图 3-36 所示，从图中可以看出，在经过长循环荷载作用后，土体的初始地基反力模量对比之前出现了明显的降低，且初始地基反力模量会随循环次数的增加而降低。

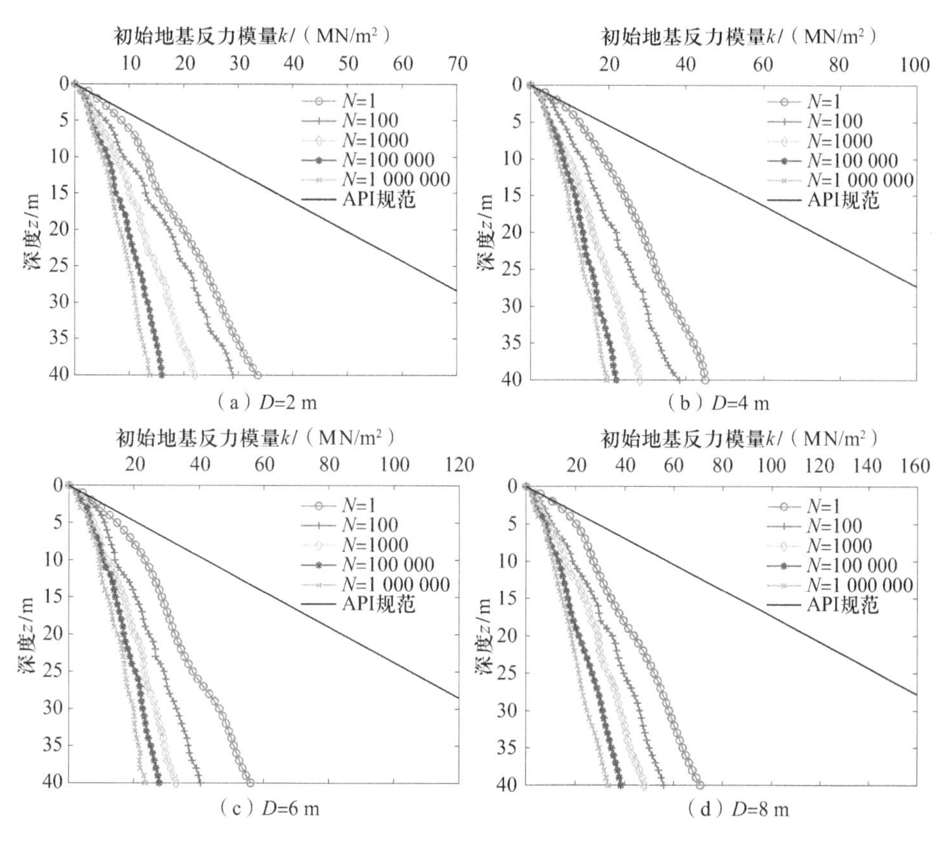

（a）D=2 m（b）D=4 m（c）D=6 m（d）D=8 m

图 3-36　不同循环次数下初始地基反力模量对比

从图 3-36 中可以看出，不同循环次数循环荷载作用下的大直径桩周土体的初始地基反力模量依然随土体深度的增加非线性增大，而 API 规范的计算方法并不能考虑初始地基反力模量随循环次数增加产生的衰减，且依然高估了土体的初始地基反力模量，因此本节在刚度衰减的基础上考虑循环次数对桩周土体初始地基反力模量的影响，针对循环荷载作用下的初始地基反力模量提出以下修正公式。

$$k_{zN} = n_{hN} \cdot z^{\alpha_N} \tag{3-42}$$

式中：k_{zN} 为 N 次循环荷载作用下的初始地基反力模量；n_{hN} 为 N 次循环荷载作用下的初始地基反力模量系数；α_N 为修正参数。

采用大型数学计算软件 MATALB 对不同循环次数和不同桩径的深度修

正参数 α_N 进行拟合，由于深度修正参数 α_N 随循环次数变化的规律并不明显，故将变化归结到初始地基反力模量系数 n_{hN} 上，最终拟合后的修正系数的结果如表 3–11 所示。

表 3–11　不同桩径模型修正参数随循环次数变化的结果

单位：MN/m³

循环次数	2 m 桩径		4 m 桩径		6 m 桩径		8 m 桩径	
	n_{hN}	α_N	n_{hN}	α_N	n_{hN}	α_N	n_{hN}	α_N
1×10^0	2.47	0.7	3.67	0.7	4.21	0.7	5.76	0.7
1×10^2	1.80	0.75	2.72	0.7	3.07	0.7	4.16	0.7
1×10^3	1.35	0.75	2.09	0.7	2.48	0.7	3.50	0.7
1×10^5	1.03	0.75	1.65	0.7	2.40	0.7	2.80	0.7
1×10^6	0.88	0.75	1.47	0.7	1.80	0.7	2.35	0.7

为得到不同直径桩土模型的初始地基反力模量系数随循环次数变化的规律表达式，以 N=1 时的初始地基反力模量系数 n_h 为基础，对各个直径不同循环次数下桩土模型的初始地基反力模量系数进行归一化，将不同循环次数的归一化结果定义为初始地基反力模量系数衰减系数，如式（3–43）。

$$\frac{n_{hN}}{n_h}=\eta \tag{3–43}$$

式中：η 为初始地基反力模量系数衰减系数，各个桩径模型不同循环次数初始地基反力模量系数衰减系数 η 的值如表 3–12 所示。

表 3–12　初始地基反力模量系数衰减系数随循环次数变化的结果

循环次数	2 m 桩径	4 m 桩径	6 m 桩径	8 m 桩径
1×10^0	1	1	1	1
1×10^2	0.73	0.74	0.73	0.72
1×10^3	0.55	0.57	0.59	0.61
1×10^5	0.42	0.45	0.5	0.49
1×10^6	0.36	0.4	0.43	0.41

由表 3–12 可以看到，对于不同桩径模型的初始地基反力模量系数衰减系数均是随循环次数增加而逐渐减小的，为得到衰减系数和荷载循环次数的关

系表达式，将衰减系数和循环次数对数值 $\ln N$ 进行拟合，拟合结果如图 3–37 所示。

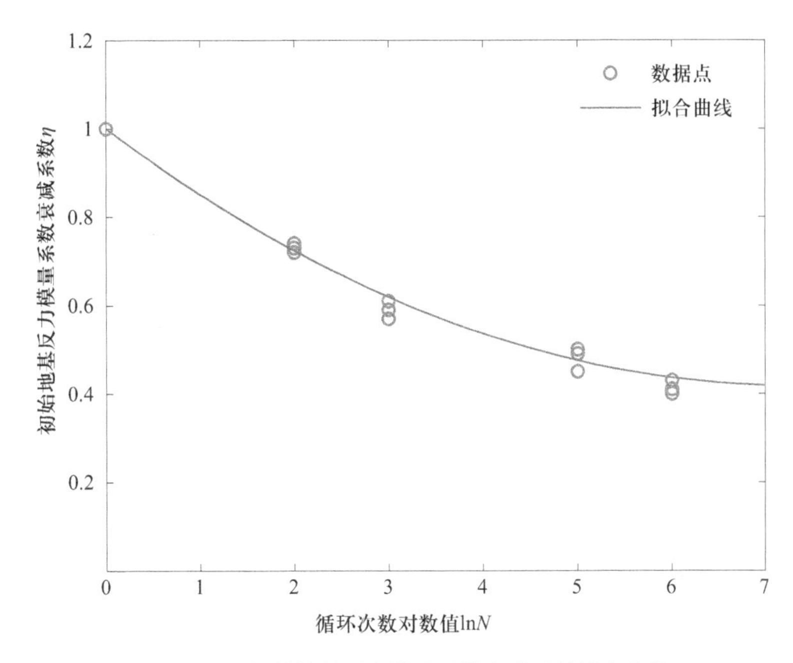

图 3–37　初始地基反力模量系数衰减系数拟合曲线

根据拟合结果发现，初始地基反力模量系数衰减系数与循环次数对数值符合二次函数关系，具体关系可用式（3–44）表示。

$$\eta = 0.011 \cdot (\ln N)^2 - 0.16 \cdot \ln N + 1 \tag{3–44}$$

由式（3–42）可以得到初始地基反力模量系数衰减系数随循环次数的变化规律，结合式（3–43）和式（3–44）即可计算初始地基反力模量随循环次数的变化规律。

综上，通过对经过长期循环荷载作用后大直径单桩基础的极限土抗力和初始地基反力模量的修正，最终得到了适用于长时间受循环荷载作用情况下的大直径单桩基础的修正 p–y 曲线模型的计算公式。

3.3.5　小结

本节基于在长期波浪循环荷载作用下砂土中的 ABAQUS 大直径桩基础桩土相互作用的有限元计算模型，在考虑水平循环荷载循环次数的基础上同时考虑了大直径桩基础的尺寸效应和土体深度的影响，对极限地基土抗力和初始地基反力模量进行了修正，并与静力作用下土体刚度不衰减的情况进行了对比，提出了适用于长期循环荷载作用下的大直径桩基础修正 p–y 曲线模型，得出以下结论。

①受到长期循环荷载作用的桩土模型，其土体刚度随循环次数增加而逐渐衰减，对于同一桩径模型，其土体刚度衰减范围和衰减程度均随循环次数增加而加大，对于不同桩径模型横向对比，当其所处的海洋环境相同时，桩径越大，相同循环荷载作用次数下的土体刚度衰减程度越小。

②对于处于长期波浪荷载作用下的砂土中的大直径桩基础来说，其极限土抗力和初始地基反力模量均有所衰减，且二者随循环次数增加其衰减程度也会增加。对于部分桩径来说，API 规范推荐的 p–y 曲线公式低估了土体的极限土抗力，且 API 规范高估了土体的初始地基反力模量，而本节提出的修正 p–y 曲线模型可以较为准确地计算在不同水平循环荷载作用次数下桩土的力与位移的关系。

③对于桩基础在长期循环荷载作用下的极限土抗力，其随循环次数增加而逐渐减小，但其值与循环次数成非线性关系，同样，在长期循环荷载作用下，土体初始地基反力模量随深度增加依然成非线性增长，同时其也随循环次数增加而逐渐减小，且同样和循环次数成非线性关系，而随着循环次数的增加，土体刚度衰减的速度以及程度逐渐下降。

参考文献

[1] ZHANG X L, ZHOU R, ZHANG G L, et al. A corrected p–y curve model for large-diameter pile foundation of offshore wind turbine [J]. Ocean Engineering, 2023, 273: 114012.

[2] KIM B T, KIM N K, LEE W J, et al. Experimental load-transfer curves of laterally loaded piles in Nak-Dong River sand [J]. Journal of Geotechnical and Geoenvironmental Engineering, 2004, 130 (4): 416-425.

[3] 朱斌，朱瑞燕，罗军，等．海洋高桩基础水平大变位性状模型试验研究 [J]. 岩土工程学报，2010，32 (4): 521-530.

[4] ZHU B, CHEN R P, GUO J F, et al. Large-scale model and theoretical investigations on lateral collisions to elevated piles [J]. Journal of Geotechnical and

Geoenvironmental Engineering, 2012, 138 (4): 461 - 471.
[5] TOLOOIYAN A, GAVIN K. Modelling the conepenetration test in sand using cavity expansion andarbitrary Lagrangian Eulerian finite element methods [J]. Computers and Geotechnics, 2011, 38 (4): 482-490.
[6] 朱斌，熊根，刘晋超，等．砂土中大直径单桩水平受荷离心模型试验[J]. 岩土工程学报，2013，35 (10): 1807-1815.
[7] 刘晋超，熊根，朱斌，等．砂土海床中大直径单桩水平承载与变形特性[J]. 岩土力学，2015，37 (11): 591-599.
[8] GUO W D. On limiting force profile, slip depth and lateral pile response [J]. Computers and Geotechnics, 2006, 33 (1): 47-67.
[9] BROMS B. Lateral resistance of piles in cohesiveless soils [J]. Soil Mechanics and Foundation Division, ASCE, 1964b, 90 (3), 123-156.
[10] REESE L C, COX W R. Analysis of Later ally-loaded Piles in Sand [C]//Proceeding of the 6th offshore technology conference. Houston, Texas, America: 1974, 473-485.
[11] BARTON Y O. Laterally loaded model piles in sand: centrifuge tests and finite element analyses [D]. Cambridge: University of Cambridge, 1982.
[12] 朱碧堂．土体的极限抗力与侧向受荷桩性状[D]. 上海：同济大学，2005.
[13] TERZAGHI K. Evaluation of coefficients of subgrade reaction [J]. Géotechnique, 1955, 5: 279-326.
[14] YANG M, GE B, LI W C, et al. Dimension effect on $p-y$ model used for design of laterally loaded piles [J]. Procedia Engineering, 2016, 143: 598-606.
[15] 胡中波，翟恩地，罗仑博，等．基于静载试验的海上风电钢管桩砂土$p-y$曲线研究[J]. 太阳能学报，2019，40 (12): 3571-3577.
[16] 刘红军，张冬冬，吕小辉，等．循环荷载下饱和粉土地基单桩水平承载特性试验研究[J]. 中国海洋大学学报，2015，45 (1): 76-82.
[17] 冯士伦，王建华．饱和砂土中桩基的振动台试验[J]. 天津大学学报，2006，39 (8): 951-956.
[18] 罗如平，李卫超，杨敏．水平循环荷载下海上大直径单桩累积变形特性[J]. 岩土力学，2016，37 (S2): 607-612.
[19] 罗庆．单双向循环荷载作用下单桩动力特性研究[D]. 长沙：中南大学，2012.
[20] IDRISS I M, DOBRY R, SINGH R D. Nonlinear behavior of soft clays during cyclic loading [J]. Journal of the Geotechnical Engineering Division, 1978, 104 (12): 1427-1447.
[21] ACHMUS M. Design of axially and laterally loaded piles for the support of offshore wind energy converters [Z]. 2010.
[22] 胡安峰，张光建，贾玉帅，等．刚度衰减模型在大直径桩累积侧向位移分析中的应用[J]. 浙江大学学报（工学版），2014，48 (04): 721-726.

第4章 复杂海洋荷载作用下海上风电桩基础动力模型试验

目前，风力发电事业逐渐从陆上向深海推进，开发以风能为代表的清洁能源承载着改善各国能源结构的作用。国内部分海域中的近海风电结构物服役期间会受到复杂的海洋环境动荷载联合作用，如极端风荷载、周期性波浪荷载、海流荷载和偶发性地震荷载等。通过边界层风洞、波浪水池与水下振动台混合试验技术能模拟风浪流及地震荷载作用，与现场试桩等原型场地试验相比，试验条件更加安全可控，但目前仍存在风浪精确控制比较困难、开展试验成本较高等问题，因此开展此类风浪流联合试验较为困难。室内条件下，采用传统的力学装置模拟海洋环境荷载作用具有一定优势，但也存在应力水平较低、依经验确定的荷载波形过于简化等不足，与海洋环境实际荷载特征仍有一定差别。

为了进一步探究在室内模型试验中采用简化方法模拟复杂海洋环境动荷载作用的可行性，进而研究近海风电单桩基础的动力响应问题，本章利用自主研发的复杂动荷载试验加载系统，在饱和砂土场地中进行了一系列模型试验。首先基于斯托克斯二阶波浪理论和谐波叠加法推导并编程计算，得到了风浪流荷载时程，然后利用自主研发的复杂动荷载加载系统对近海风机模型结构进行风浪流荷载的模拟施加，最后对实测得到的桩身位移、桩身弯矩、桩周土孔隙水压力等试验数据进行分析，得到了饱和砂土地基中的单桩基础在风浪流荷载作用下的动力响应规律[1]。

4.1 风浪流荷载计算理论及模拟方法

海上风力发电机运营期间会受到复杂的海洋环境动荷载作用，如风荷载、波浪荷载、海流荷载及地震作用等，目前对于地震荷载作用下的桩基动力响应研究较为系统且地震荷载具有偶发性，已有的研究结论认为作用于风机结构上的风荷载、波浪荷载和海流荷载是主要的控制荷载。因此，本节主要针对海洋环境荷载中对风机结构影响较大的风荷载、波浪荷载及海流荷载进行模拟，为后续试验开展提供荷载计算方面的理论依据，从而建立起理论计算与试验加载的联系。

4.1.1 风荷载的计算与模拟

近海风机结构会受到复杂的风荷载、波浪荷载及海流荷载作用。海上风力发电机组会受到海床以上的塔筒和风机叶片所承受的风荷载作用，这种作用会导致风力发电机组产生巨大的水平推力和倾覆力矩，同时也会使风力发电机结构在风荷载的作用下出现顺风向、横风向和扭转风振响应[2]。在大多数情况下，顺风向风速相对于横向或垂直风速而言会更大，对整个风机系统的动力响应影响更显著。因此，在本节的计算中只考虑顺风向风速对风机系统的影响。其中顺风向风速从特性上可以人为地分为平均风速和脉动风速两部分。

目前国际上公认的平均风的公式形式差别不大，常见的形式有指数形式和对数形式两种。其中，对数形式的公式涉及的参数较多，可针对不同场地条件平均风沿高度风速变化的特征进行模拟；而指数形式的风速阔线公式相对简洁，使用方便。但从实际工程应用和试算结果来看，两种公式的计算结果相近。因此为了编程计算方便，应选取指数形式的平均风速公式来进行平均风荷载模拟。

对于平均风速的考虑，采用指数形式的公式来模拟平均风速沿高度变化的特征。

$$\frac{\bar{u}(z)}{\bar{u}(z_1)}=\left(\frac{z}{z_1}\right)^{\alpha} \tag{4-1}$$

式中：$\bar{u}(z_1)$ 为标准高度 z_1 处的平均风速，一般取 z_1=10 m；$\bar{u}(z)$ 为高度 z 处的平均风速；α 为地面粗糙度系数，对于近海地区可取 α=0.12。

脉动风速的方向和大小在时间上随机变化，体现了风的随机性和波动性。脉动风速的相关数据显示，脉动风速可假定为具有零均值的平稳高斯随机过程，其在时间和空间上的变化规律可通过功率谱密度函数和相关函数来表示。功率谱密度函数主要反映脉动风速中不同频率风速所对应的能量分布情况，而相关函数则描述了各点脉动风速在时空上的相互影响关系。

为了保证模拟精度与准确性，其中顺风向脉动风速功率谱取沿高度变化的 Simiu（西姆）谱[3]：

$$S(f)=4k\bar{u}(10)^2\frac{x}{f(1+x^2)^{4/3}},x=\frac{1200f}{\bar{u}(10)} \tag{4-2}$$

式中：$S(f)$ 为脉动风速功率谱；f 为脉动风频率；x 为相似律坐标，与频率和高度有关；k 为与地面粗糙度相关的系数，对于近海海面可取 k=0.003；$\bar{u}(10)$ 为高度 10 m 处的平均风速。

在空间上，当脉动风速在点 a 达到最大值时，在一定范围内，随着与 a 点的距离增加，脉动风速同时达到最大值的可能性逐渐降低，这种特性被称为脉动风的空间特性。这一特性通常使用相关函数进行描述。大量的风洞试验和实测数据表明，相关函数是一条指数衰减曲线。在实际工程应用中，常采用 Davenport（达文波特）相干函数[4]，如下式：

$$\mathrm{Coh}(r,\omega)=\exp\left(-\frac{\omega\sqrt{C_x^2(x_i-x_j)^2+C_y^2(y_i-y_j)^2+C_z^2(z_i-z_j)^2}}{2\pi V(z_i)}\right) \tag{4-3}$$

式中：r 为空间任意两点之间的距离；C_x、C_y、C_z 分别为空间任意两点在横向、顺风向以及竖直向的衰减系数，可分别取值为 16、8、10。对于单个风机结构，可忽略横向影响，取 C_x=0；若仅考虑叶片或塔架本身各点的相干函数，即仅考虑垂直向相干性时，取 C_x=0，C_y=0，则式（4-3）可简化为：

$$\mathrm{Coh}(r,\omega)=\exp\{-\omega C_z|z_i-z_j|/[2\pi V(z_i)]\} \tag{4-4}$$

目前，对于脉动风荷载的模拟方法，主要包括线性滤波法和谐波叠加法两种。其中谐波叠加法[5]采用离散谱来逼近目标随机过程模型以实现模拟。由于该方法简单直观，适用于具有任意给定风谱特征的平稳高斯随机过程的特性，因此被认为是模拟稳态高斯过程的标准算法。以下为采用谐波叠加法进行风荷载模拟的主要步骤。

①获取拟生成脉动风场风速时程曲线的互功率谱密度矩阵。互功率谱密度函数矩阵一般为复数形式，如下式：

$$S_{ij}(\omega)=\left|S_{ij}(\omega)\right|\mathrm{e}^{\mathrm{i}\phi(\omega)}=\sqrt{S_{ii}(\omega)S_{jj}(\omega)}\mathrm{Coh}(r,\omega)\mathrm{e}^{\mathrm{i}\phi(\omega)} \tag{4-5}$$

式中：相干函数 Coh（r，ω）根据式（4-4）确定；ϕ（ω）为互功率谱的相位角，取值与量纲一的坐标 $\omega^*=\omega\Delta z/2\pi V(z)$ 有关，具体可按以下公式选取：

$$\phi(\omega)=\begin{cases}\omega\Delta z/8V(z) & \omega^*\leqslant 0.1\\ -5\omega\Delta z/V(z)+1.25 & 0.1\leqslant\omega^*\leqslant 0.125\\ [-\pi,\pi]\text{ 间随机数} & \omega^*\geqslant 0.125\end{cases} \tag{4-6}$$

②对互功率谱密度矩阵进行 Cholesky（楚列斯基）分解：

$$S(\omega)=H(\omega)H^*(\omega) \tag{4-7}$$

式中：H^*（ω）是 H（ω）的转置复共轭矩阵，对角元素和非对角元素的性质可表示为 $H_{jj}(\omega)=H_{jj}(-\omega)$，$H_{jk}(\omega)=\left|H_{jk}^*(-\omega)\right|\mathrm{e}^{\mathrm{i}\theta_{jk}(\omega)},j<k$。其中两个不同作用点之间的相位角可表示为 $\theta_{jk}(\omega)=\arctan[\mathrm{Im}\,H_{jk}(\omega)/\mathrm{Re}\,H_{jk}(\omega)]$。

③按下式对脉动风场的风速进行模拟：

$$V_j(t)=\sum_{k=1}^{j}\sum_{l=1}^{n}\left|H_{jk}(\omega_{kl})\sqrt{2\Delta\omega}\right|\cos[2\pi\omega_{kl}t+\theta_{jk}(\omega_{kl})+\phi_{kl}],\ j=1,2,\cdots,m \tag{4-8}$$

式中，$\Delta\omega$=（ω_u−ω_k）/n，其中 ω_u 为截止频率，ω_k 为初始频率，n 为采样点的个数；为获取相对较长的模拟周期，有学者建议可使用双索引频率，其计算公式为 ω_{kl}=（l−1）$\Delta\omega$+（k/m）$\Delta\omega$，其中 l=1，2，⋯，n，n 尽可能大；ϕ_{kl} 为 [0，2π] 之间的随机数。

得到脉动风的时程后，将通过式（4-1）计算得到的平均风速与通过谐波叠加法模拟得到的脉动风速相加，则可得到任意时刻 t、任意高度 z 处的瞬时风速：

$$u(z,t)=\bar{u}(z)+\tilde{u}(z,t) \tag{4-9}$$

式中：$\bar{u}$（z）为高度 z 处的平均风速；$\tilde{u}$（z，t）为高度 z 处时刻 t 的脉动风速。

进一步可利用风压计算式（4-10）求得作用在风机叶片和塔筒上的风压：

$$w(z,t)=\frac{1}{2}\rho\mu_{\mathrm{s}}u(z,t)^2 \tag{4-10}$$

式中：ρ 为空气密度；μ_{s} 为结构体型系数。对于塔筒段，根据荷载规范中圆形截面构筑物风荷载体型系数取为 1.2；对于叶片转动扫掠面积，根据荷载规范取为 8/9。

从而可得到时刻 t、高度 z 处单位高度上产生的风荷载，其公式如下：

$$F(z,t) = w(z,t)A(z) \tag{4-11}$$

式中：A（z）为高度 z 处风荷载作用面积，对于轮毂处取风机叶片转动扫掠面积。

如图 4–1 所示，对于风荷载作用面积的考虑如下：A_1 为风机叶片扫掠面积；将塔筒按照 10 m 的间隔分为 7 个分割区域，A_2~A_8 分别为塔筒段分段风荷载作用面积。

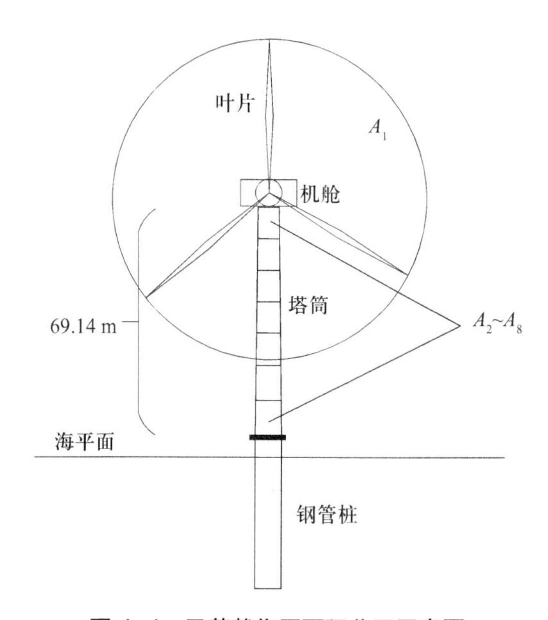

图 4–1　风荷载作用面积分区示意图

根据以上模拟理论，采用大型数学计算程序 MATLAB 编写风机不同高度处脉动风荷载时程曲线的计算程序，进行风场脉动风模拟，共模拟出一条叶片转动风速时程（作用高度取叶片转动中心的高度）和七条塔筒段风速时程（作用高度分别取塔筒段每个划分区域的中点处的高度），由于风机运行时叶片受风面积较大，计算出的风荷载量级最大，所以以轮毂处的风荷载时程为例给出风荷载计算结果如图 4–2 所示，可以看出，风对结构物的作用形式一般是变幅值单向作用。

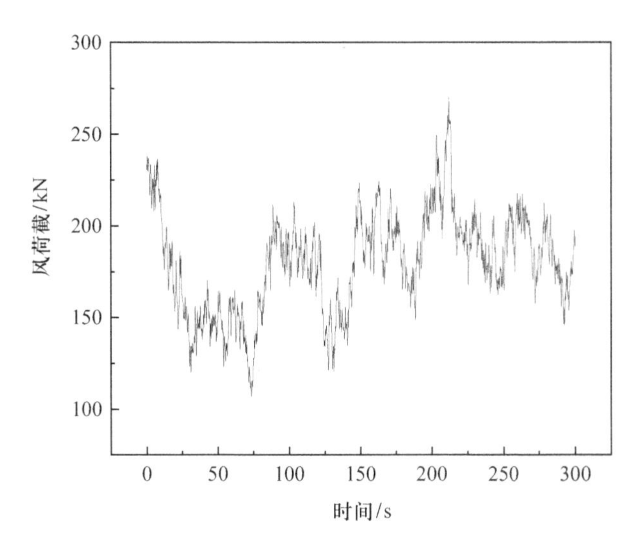

图 4-2　风机轮毂处模拟风荷载时程

4.1.2　波浪和海流荷载的计算与模拟

除了受到风荷载的长期作用以外，海上风机系统还会受到波浪和海流荷载的长期影响。由于海上风机系统地处近海海域，其海水深度较浅，波浪荷载的非线性特性显著，外加海流荷载的作用，因此海上风机系统长期处于复杂的海洋环境中。以波流相互作用理论为基础，结合梅沃特波浪理论[6]和实际监测的波浪及海流数据，选取斯托克斯二阶波浪理论和莫里森方程对海上风机系统所受到的波浪荷载和海流荷载进行计算。具体的波流荷载计算方法同“3.3.1　波流荷载计算”。

当波流同向，$u_c/c \leqslant 0.2$（假定波流同向，$u_c/c=0.129<0.2$ 符合上述条件）时，$\dfrac{H_V}{H}=1-\mu\dfrac{u_c}{c}, \dfrac{L_V}{L}=1+\zeta\dfrac{u_c}{c}$，其中 c 为波速，H 为静水中的波高，L 为静水中的波长，μ、ζ 为系数，与相对水深 d/L 有关，根据理论和实际资料可按表 4-1 选取。

表 4-1　μ、ζ 系数表

d/L	2	5	10	15	20	25
μ	2.10	2.00	1.80	1.60	1.36	1.20
ζ	1.55	1.15	0.80	0.45	0.40	0.40

最终模拟得到的波浪及海流荷载如图 4-3 所示，可以看出，波浪对结构物是双向往复作用的。

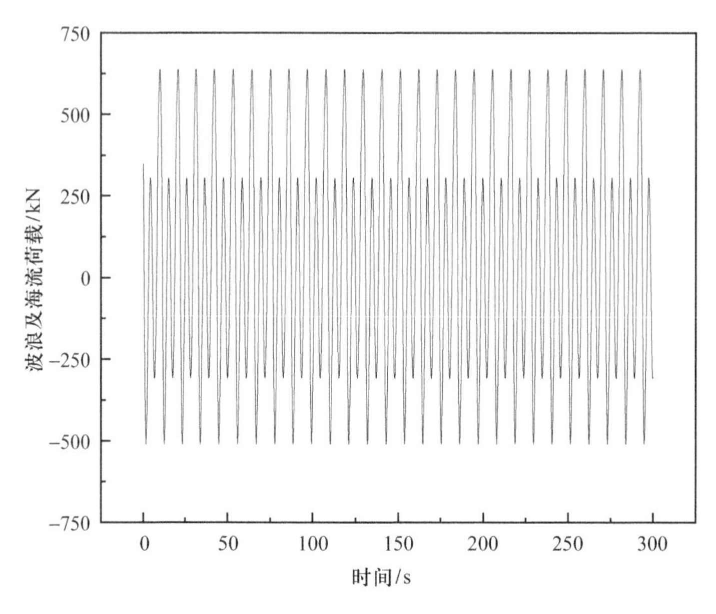

图 4-3 波浪与海流荷载时程

此外，因波峰波谷交替，波浪还会对海床产生循环波压力的作用。在非波浪水池的试验中无法实现循环波压力的模拟加载，故在本试验中不做考虑。本试验仅考虑波浪及海流对单桩基础产生的水平循环作用。同时，无论是莫里森方程还是常规波浪模型，通过解析或数值模型计算的荷载都是描述场域水体对结构的作用，而在非波浪水池的试验中，并不能模拟波压力或者类似的场域水体对结构的作用。基于上述荷载计算理论，针对水面以下的波浪力沿桩段进行积分，求出土面以上及水面以下总的水平波浪力，由于不具备此类荷载作用方式类似的加载条件，因此将此类作用于整体结构的荷载以水平集中力的方式施加于模型结构上。

4.1.3 风浪流荷载简化计算方法

目前由于不具备联合开展风浪流加载的试验条件，为了满足现有试验要求，对上述风浪流荷载按照弯矩等效的原则进行简化合并，将风机所受到的风浪流水平荷载简化为如图 4-4 所示的形式。图中给出了叶片风荷载、塔筒风荷载、波浪及海流荷载及其作用高度。海上风机特殊的结构形式决定了其基础的主要荷载形式是倾覆弯矩。若以弯矩为等价条件，则可以将荷载按图4-4所示的关系[7]进行合并，风浪流荷载合并结果如图4-5所示。

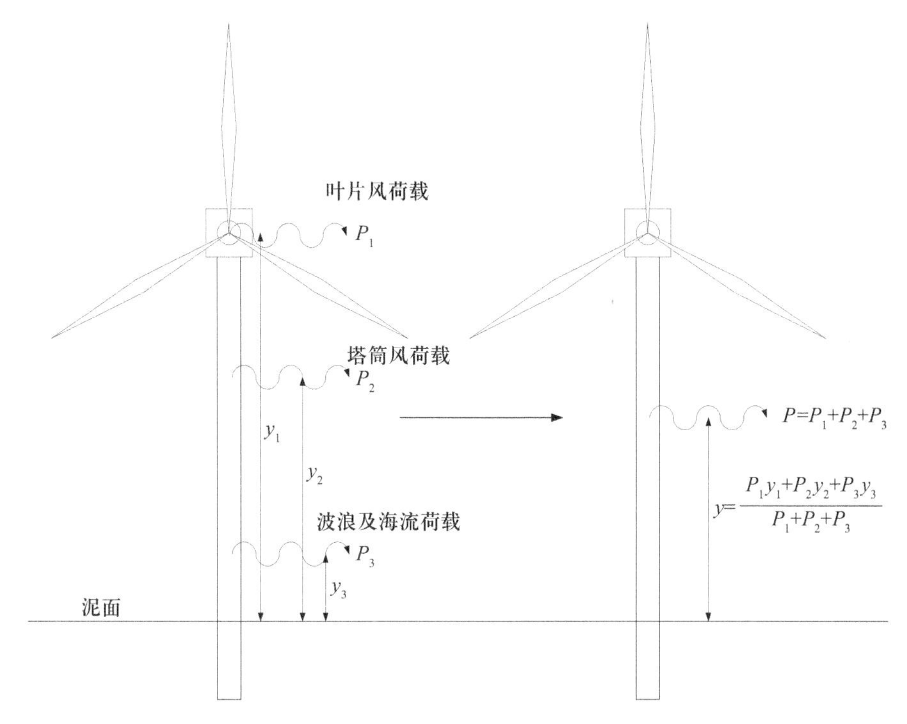

图4-4 荷载简化及作用高度示意图

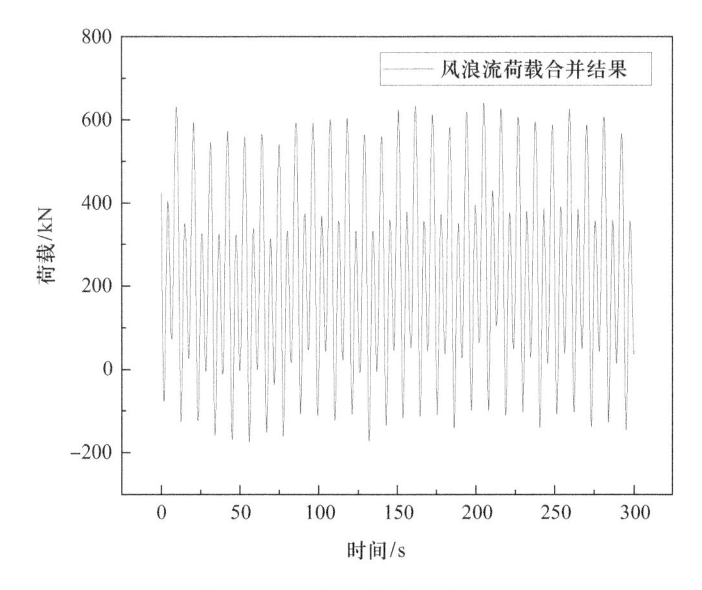

图4-5 风浪流荷载合并结果

通过以上的分析，最终在选择试验用荷载波形时仅考虑这一种风浪流参数组合的方式，在后续试验中将初步验证风浪流荷载理论计算与试验加载相结合这种模拟方式的可行性。本小节图中的荷载计算结果都是针对工程原型，并采用了原型场地的计算参数计算得到，后续模型试验中的原始场地计算参数都以表 3–7 的参数为基准，并在合理范围内选取得到。在循环荷载和长期荷载的参数计算中，均是通过调整风速和波高来控制海洋环境动荷载幅值的大小，最终使得经相似比折减后的荷载幅值调整至试验工况设计值附近。

4.1.4 小结

本节基于实际工程项目资料，采用指数形式的平均风速公式对沿高度变化的平均风速阈线进行了计算，通过谐波叠加法对脉动风荷载进行了模拟。在将风荷载和波流荷载分别进行推导计算后，通过弯矩等效的原理将叶片风荷载、塔筒风荷载、波浪及海流荷载按照各自不同的作用高度简化合并，得到了用于模型试验的自定义水平循环荷载，采用该方法模拟得到的波形，并不是等幅的、单一频率的规则波，与传统的简单循环荷载形式相比，更接近真实海洋环境荷载作用。

4.2 复杂海洋荷载作用下单桩动力模型试验

4.2.1 地基土的制备与参数

模型试验在内部尺寸为 1.5 m（长）×1 m（宽）×1.5 m（高）的模型土箱中展开，所用地基土为饱和均质细砂。制备地基土之前，首先在模型箱内壁安装橡胶防水隔层并固定，使其与箱壁紧密贴合防止漏水；之后采用分层填筑的方法将砂土装填至模型箱内，控制每层填土厚度为 10 cm；每完成一层填筑后使用小型平板振实器整平并振实土层，然后将细小水流沿内壁缓慢灌入箱体。为了保证土体完全饱和，填土过程中要始终保持水面没过土面以上 2 cm，每填筑完一层后对土面进行刮毛处理并静置等待水面稳定，最后采用相同的方法填筑下一层。土样制备过程中控制每层土的重量及振实次数基本一致，保证地基土有良好的均匀性，填筑完成后的填土层厚度为 1.3 m。

填筑过程中分别在箱体不同位置取样，做土工试验，测试砂土的物理力学性能。表 4-2 和表 4-3 分别是模型试验所用砂土的颗粒级配情况和主要的物理力学参数。由计算结果可知，本次试验所用砂土满足 $C_u \geqslant 5$，$1 \leqslant C_c \leqslant 3$ 的要求，属级配良好砂土。根据 Ovesen（奥维森）的试验结论，当基础直径与砂土平均粒径的比值大于 30 时，即可忽略地基土不相似对基础承载力特性的影响，本次试验桩基础直径 D 与砂土平均粒径之比大于 30，满足试验要求。

表 4-2　砂土颗粒级配

土料	主要粒径 /mm			不均匀系数 C_u	曲率系数 C_c
	d_{60}	d_{30}	d_{10}		
干砂	0.914	0.407	0.158	5.78	1.15

表 4-3　砂土主要物理力学参数

密度 ρ/（g/cm^3）	内摩擦角 φ/（°）	黏聚力 c/kPa
1.651	35	0

4.2.2　模型结构与参数

本系列试验中的模型结构设计原型取自江苏响水某风电场实际工程项目资料。项目原型中单桩基础方案采用单根直径为 4.20~5.70 m 的钢管桩，桩长平均为 62 m，壁厚 50~80 mm，平均入土深度为 45 m。综合考虑海工模型试验经验以及现有的试验条件，确定本次模型试验的几何相似比为 1∶70，主要的相似关系根据 π 定理分析推导，满足主要物理量的相似，然后根据相似比来指导模型结构设计，确定试验荷载大小和试验装置的规格，模型桩及原型桩的对照关系如表 4-4 所示[8]。

表 4-4　原型与模型桩参数

桩参数	桩径 /m	桩长 /m	埋深 /m	壁厚 /m
原型	4.2	63	42	0.07
模型	0.6	0.9	0.6	0.001

实际工程中的风机结构主要由基础、塔筒和风机、机舱、轮毂等上部构件组成。根据本次试验研究的目的，将试验模型结构简化为模型桩、模型塔筒和简化集中质量三部分，与原型中三部分的质量比保持一致。其中模型桩

采用无缝钢管制作，对侧开孔方便走线。模型桩制作完成后采用简支梁法实测得到桩身的抗弯刚度为 19 522 N·m²。在模型试验过程中，为了防止钢管桩内部导线浸水，桩端采用圆柱橡胶块及防水胶密封。试验中采用埋桩的方式，当桩端下部 0.7 m 厚的持力层填筑完成后，利用自制的夹具将模型结构固定在箱体中部，同时填土过程中采用磁吸铅垂仪保持桩身垂直，继续填筑上部土层，最终控制桩基埋深为 0.6 m。图 4-6 为钢管桩与模型结构实物图。

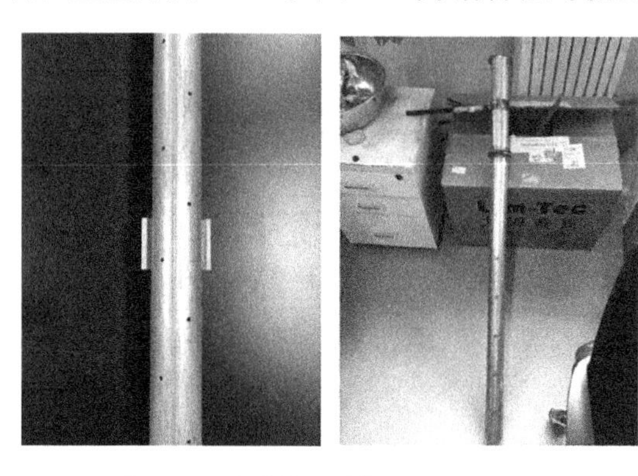

图 4-6　钢管桩与模型结构实物图

4.2.3　动力加载试验装置

整个试验系统包含装配式模型箱、自平衡式反力架、小型电动伺服作动器、传感器及数据采集装置等。装配式模型箱由角钢框架、亚克力侧板、侧向角钢加强肋、加固连接板及螺杆通过高强螺栓栓接而成，具有良好的强度和稳定性。模型箱内部尺寸为 1.5 m（长）×1 m（宽）×1.5 m（高）。自平衡式反力架由三组对接的槽钢、螺杆及螺栓螺母组成，可利用箱体本身的自重来平衡并可为试验加载提供反力，试验中可通过调整竖直螺杆上下限位螺母的位置来改变作动装置的水平加载高度。水平加载装置采用小型高精度电动伺服作动器，其底座与反力架槽钢上的预设孔位通过螺栓连接，可将作动器水平放置。为了实现水平往复加载的功能，在作动器加载端和模型结构之间用刚性连接杆和夹具进行连接。根据已有的模型试验经验，模型结构距箱体侧壁和箱底的距离均大于 7 倍桩径时，可以忽略模型箱边界效应对模型结构造成的影响，模型桩距箱底的距离大于 10 倍桩径，距侧壁的距离大于 7 倍桩径，因此可不考虑模型箱边界效应的影响。整个试验系统中作动器、反力架及模型结构与箱体的相对位置关系如图 4-7 所示。

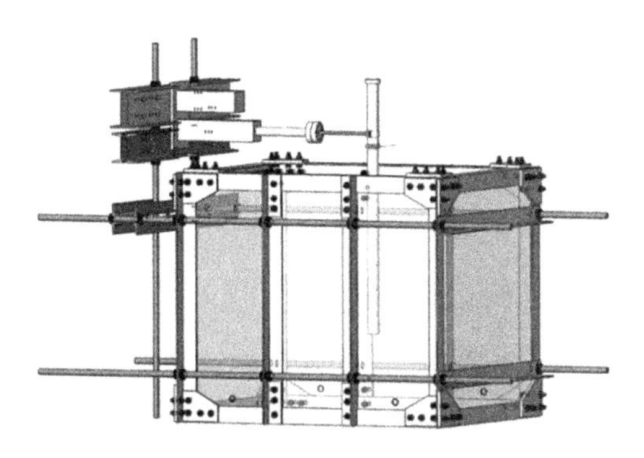

图 4-7　试验装置相对位置示意图

传统力学装置对风浪流荷载的模拟，通常强调荷载的循环特性，采用人为规定的经验性的循环荷载波形来近似考虑海洋环境荷载的基本特征。而本试验所使用的电动伺服作动器能够实现宽频带范围内的高响应伺服加载，从出力、加载速率及覆盖荷载的频域范围等角度来看，都优于传统液压伺服作动器，控制方式灵活，能够将基于风浪荷载理论计算得到的动荷载曲线通过自定义波的方式输入，采用力控制的加载模式在试验中准确地模拟出理论计算得到的风波浪流荷载。

为了得到试验过程中的桩身弯矩，在不同深度处的桩身表面对侧等间距布设 12 对 BF120-3AA 型应变片，每两片应变片之间距离为 60 mm。试验过程对于桩周土体孔隙水压力的测量通过埋置在桩身周围不同位置的孔隙水压力计监测得到。这两类传感器的总体布置位置如图 4-8 所示，图中 1~8 为 8 个孔压计位置。试验过程中桩身应变、桩周土孔隙水压力通过 2 台 16 通道的 JM3841 型动静应变采集仪采集。整体传感器布设位置如图 4-8 所示。

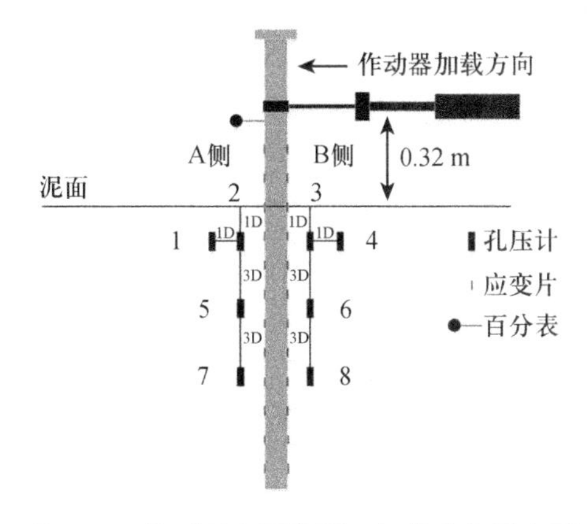

图 4-8　传感器布置位置及加载方向示意图

在模型结构桩端以下约 2 cm 处布置一只百分表来监测该高度处的桩身位移，如图 4–9 所示，提供泥面以下桩身位移积分计算的边界条件。同时作动器加载头前端配有合适量程的轮辐式拉压力传感器，试验过程中可进行荷载的测量；作动器内部同样设置有精度为 ±0.02 mm 的位移量测装置，配合作动器专用的数据采集系统能够实现对加载过程中荷载和桩身位移的采集。

图 4–9　模型试验图

4.2.4　试验工况设计

为了研究风浪流荷载作用下海上风电单桩基础的动力响应及其规律，本研究在饱和砂土场地中先后开展了 7 组模型试验。通过自主研发的复杂动荷载试验加载系统，利用电动伺服作动器自定义荷载功能，将基于荷载计算理论编程模拟得到的风浪流荷载准确施加于模型结构上。近海风机设计规范指出，单桩基础全寿命期设计状态中包含 4 种设计状态，其中以极限承载状态（简称 ULS）和运营期间极限状态（简称 SLS）对基础设计选型影响最大。文献 [9] 根据试验研究结果指出，此类试验进行荷载量级设计时，动荷载幅值和静力极限承载力通常存在一定关系，一般定义动荷载幅值 P_{max} 与静力极限承载力 P_u 的比值为循环荷载比 ξ：

$$\xi = \frac{P_{max}}{P_u} \tag{4-12}$$

当 ξ 为 0~30% 时，对应单桩基础在运营期间极限状态的设计阶段，表示原型风机结构在正常风浪长期作用下的受荷情况；当 ξ 为 30%~50% 时，对应单桩基础在极限承载状态的设计阶段，表示原型风机结构在极端风浪短期作用下的受荷情况。因此，在开展极端动荷载加载工况前，首先对钢管桩进行静载试验，确定单桩基础的静力极限承载力 P_u。由于该试验关注的是风浪流荷载作用过程中的桩体和土体的响应，尤其是系列试验加载过程中饱和砂土场地孔隙水压力的变化。在桩的静载试验中，为了使土体中的孔隙水压力在试验过程中变化明显且不易消散，要保证桩周土体在加载过程中处于不排水状态。参考西澳大学建议的不排水的剪切速率计算公式，通过计算得到本试验桩土系统的不排水剪切速率，并按照此速率加载来近似模拟饱和砂土处于不排水状态。静载试验中，为了保证加载过程中桩周土处于不排水状态，参考西澳大学不排水加载速率的确定公式，试验加载速率取为 1 mm/s，位移加载 40 mm。之后在极端风浪流荷载试验设计中取 ξ 为 30%、40% 和 50% 时的三组工况，长期风浪流荷载试验设计中取 ξ 为 10%、20% 和 30% 时的三组工况。具体的试验工况设计如表 4–5 所示。

表 4–5　试验工况

试验	组号	循环荷载比 ξ	循环次数	控制方式
极端风浪流荷载短期作用试验	D1	0.3	27	力控制
	D2	0.4	27	力控制
	D3	0.5	27	力控制
正常风浪流荷载长期作用试验	L1	0.1	5000	力控制
	L2	0.2	5000	力控制
	L3	0.3	5000	力控制

4.2.5　小结

本节从相似比设计、地基土制备及物理力学参数、试验加载系统研发、传感器及数据采集系统和试验工况设计等方面分别介绍了模型试验的具体情况。主要结论如下。

①为了建立起模式试验数据与原型的关系，根据 π 定理推导了主要物理量的相似关系，同时为了满足原型和模型桩土相对刚度的相似，采用了国外学者的桩土相对刚度计算方法，从试验设计角度保证了原型模型变形模式的相似。

②对模型箱进行了防水处理，并采用分层法制备饱和砂土地基，并开展

室内土样筛分和三轴试验，得到了试验用砂土的物理力学参数，根据实际工程项目参数制作了模型钢管桩、模型塔筒与上部集中质量，并与原型质量比保持一致。为了避免对土体应力场的干扰，采用了桩身分散开孔的方式从管桩内部走线。

③以高精度伺服作动器为基础，设计并开发了复杂动荷载加载系统，包含装配式模型箱、反力架、模型结构、小型电动伺服作动器四部分。利用本加载系统实现了理论计算荷载向模型结构的精确施加。

④采用对侧布置的 12 对应变片采集桩身应变数据，以便后期对桩身弯矩进行推导计算；根据近场和远场的孔压计布置方式，在填筑土体的过程中完成孔压计的布置，以监测不同位置处的桩周孔隙水压力。数据采集系统能够高频、高精度采集桩身应变、桩周孔隙水压力、桩身位移和桩身反力等试验数据。

⑤根据静力试验与动力试验荷载量值的关系，设计并开展 7 组模型试验工况，分别是：模拟风浪流荷载水平作用条件下的静力试验，对应风机结构在水平海洋环境荷载作用下的响应；模拟极端风浪流荷载短期作用的动力试验，对应极限承载状态，即 ULS 设计阶段的风机响应；模拟正常风浪流荷载长期作用的循环试验，对应运营期间极限状态，即 SLS 设计阶段的风机响应，为后续分析提供试验数据。

4.3 海上风电基础动力模型试验结果分析

4.3.1 静力试验结果分析

为了确定水平荷载作用下单桩静力极限承载力，首先进行单桩的静力加载试验。由于风机结构正常运行过程中对变形要求更加敏感，极限状态一般通过变形来控制，为了研究方便，根据文献 [10] 小直径试桩试验中对于极限承载力的定义，取桩身加载点处产生 0.2 倍桩径（约为 12 mm）的桩身位移时对应的荷载作为现有桩土系统的静力极限承载力。

本组试验采用位移控制方式，设定不排水加载速率为 1 mm/s，为了观测荷载位移曲线的发展趋势，在加载达到 0.2 倍桩径后继续加载了一段时间。根据第一组水平静载试验的实测结果，绘制单桩加载点处水平荷载与加载点位移曲线，如图 4–10 所示。从图 4–10 中可以看出，桩身加载点处水平位移随着水平荷载的增大而增大，后半段位移发展趋势渐缓，但当桩身位移较大时整体曲线仍未出现明显的水平段，由此可知本模型试验中的饱和砂土地基水平受荷单桩的荷载位移曲线为加工硬化型。由前述规定的 0.2 倍桩径位移极限值确定现有桩土系统静力极限承载力 P_u 大小为 263 N。

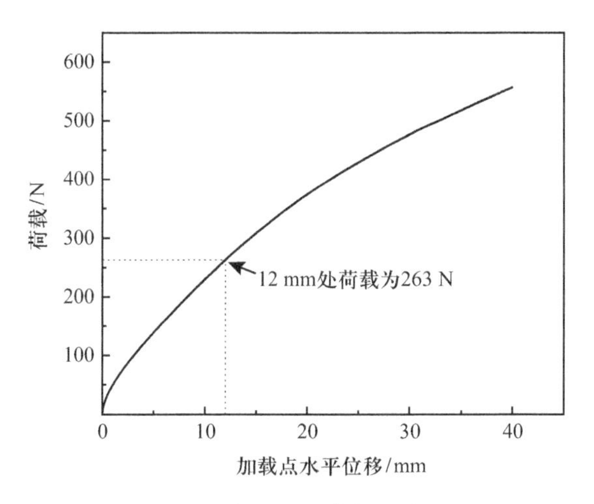

图 4–10　单桩水平荷载位移曲线

通过预先在桩身对侧布设的应变片实测，得到试验中桩身两侧的应变值，经过计算得到加载过程中沿桩身不同深度处的弯矩，结果如图 4–11 所示。

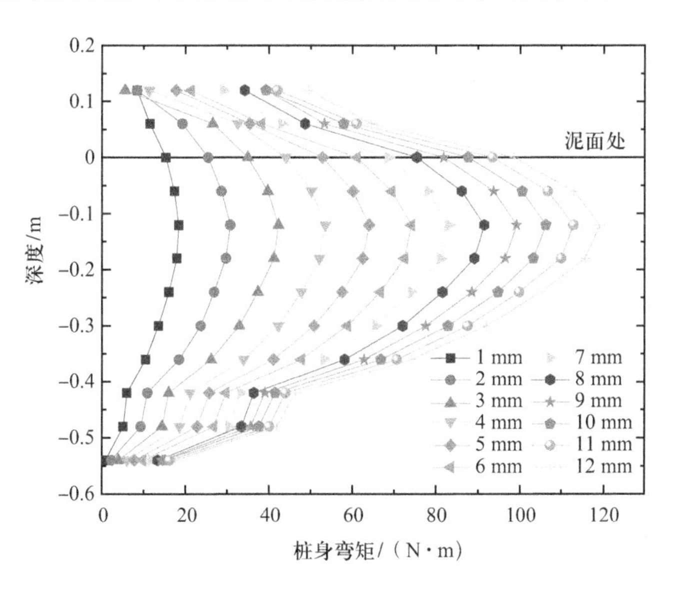

图 4–11　桩身弯矩沿深度变化图

由图 4–11 可以看出，加载过程中桩身弯矩沿深度的变化自桩顶到桩底表现为先增大后减小的趋势，其中最大桩身弯矩出现在泥面以下 2 倍桩径深度附近；随着桩身水平位移值的增大，桩身弯矩逐渐增大，但弯矩最大值的位置基本保持不变。

桩身水平位移、弯矩和桩周土抗力之间存在积分、差分关系，将实测得到的桩身弯矩按照文献中的处理方式拟合并进行积分，根据泥面和桩端的边界条件，采用六次多项式函数拟合桩身弯矩，配合加载点处作动器位移数据和加载点以下百分表采集的位移数据两个边界条件，可以得到不同荷载量级下桩身位移沿深度的分布情况，如图 4–12 所示。

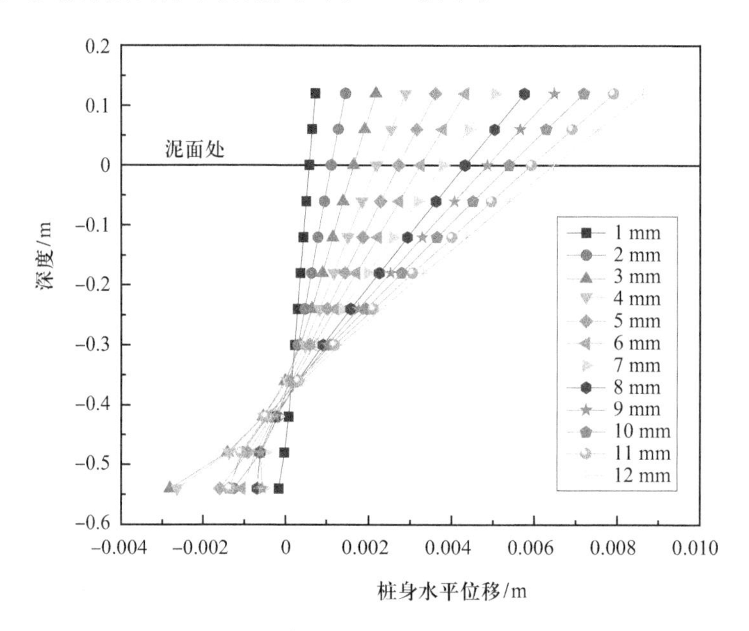

图 4–12　桩身水平位移沿深度变化图

由图 4–12 可以看出，随着桩顶位移（荷载）的增大，桩身位移不断增大，且不同荷载量级作用下桩身水平位移曲线相交于泥面以下 6 倍桩径深度的位置附近。根据《港口工程桩基规范》计算，得到本次模型试验的桩土相对刚度系数 T 为 0.47，模型桩埋深 L=0.6 m<2.5T，初步判定该试验桩为刚性桩。由此可以认为，上述桩身水平位移曲线中曲线的交点为水平荷载作用下桩身的转动中心，在水平荷载施加过程中桩身绕转动中心发生刚性转动，桩身无明显挠曲变形，符合刚性桩的变形模式。

按照文献 [11] 建议的孔压监测位置（见图 4–8），在桩身加载侧（B 侧）

和加载对侧（A 侧）对称布置孔压计。试验过程中孔隙水压力的监测结果如图 4-13 所示。由图 4-13 的结果可以看出，随着荷载的施加，桩身两侧的孔隙水压力均有不同程度的上升，当加载结束时孔隙水压力表现为立即下降。同时，加载侧的孔压上升幅度小，而加载对侧的孔压上升幅度大，这可能是由于桩身的水平位移导致加载侧发生桩土分离，沿桩身出现了排水通道，所以桩周的孔压累积较小；而加载对侧的桩周土则被不断压密，桩土界面未发生分离，孔隙水压力的上升比较明显。由此可知，在本组试验条件下，饱和砂土中单桩受水平荷载作用时，桩周土孔隙水压力有一定上升，桩周土的有效应力降低，原型风电单桩基础在类似的水平荷载作用下可能会发生失效破坏。

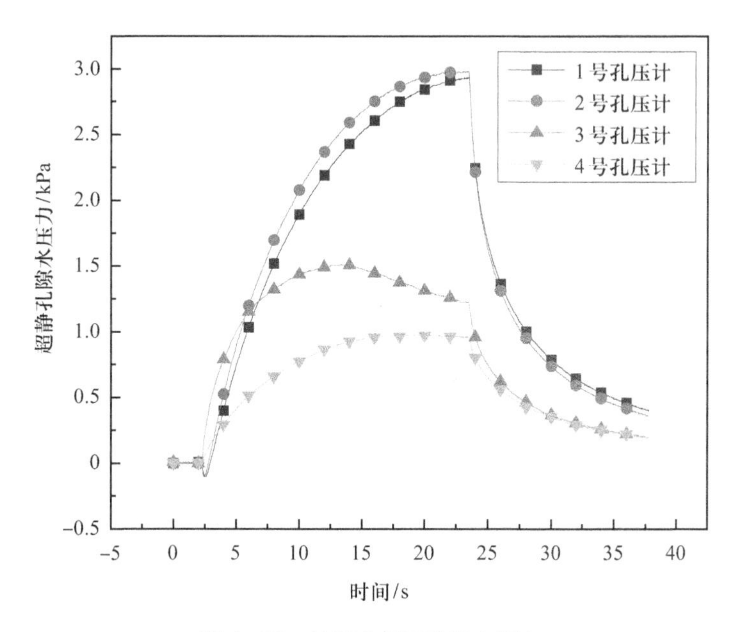

图 4-13　桩周土超静孔隙水压力

4.3.2　极端风浪流荷载短期作用试验结果分析

为了考察海上风电桩基础在极限承载状态设计阶段，即极端风浪短期作用下的动力响应，将静载试验中得到的单桩静力极限承载力 P_u 作为这三组试验的荷载设计基准，取极端风、波浪及海流对应的风浪参数，同时假设风、波浪及海流同向，按照丁红岩等人建议的荷载简化方法对风浪流荷载的计算结果进行合并，再经相似比折算后，得到幅值为 $0.3P_u$、$0.4P_u$、$0.5P_u$ 的试验动荷载时程曲线，通过自主研发的复杂动荷载加载系统中自定义荷载的精确控制将动荷载时程数据施加于结构物并开展试验，来分析极端风浪流荷载作用下，海上风电单桩基础模型试验中的桩基础及周围海床的动力响应。

根据风浪流荷载模拟计算结果及相关海洋环境荷载模拟计算方法[12]，真实海况中风荷载在一定时间内对风电结构物为单向作用，而波浪荷载在同期内对结构物为双向作用。目前同类试验中通常采用有一定静偏载的单向循环荷载或者等幅值双向循环荷载等经验性的简单波形，难以考虑真实风浪荷载方向性以及试验过程中荷载幅值改变等问题。本研究在试验设计中考虑到该问题，将试验用荷载与荷载理论建立联系得到的风浪流合并计算的动荷载曲线，既不是完全单向，又并非等幅值双向；由于考虑了风荷载的影响，荷载幅值不断变化，因此更加符合实际海况。

以 D1 组试验荷载时程为例，该组试验设计幅值为 $0.3P_u$=78.9 N，如图 4-14 所示。由图 4-14 可以看出，动荷载的最大值在设计值上下波动，其中正值代表作动器推桩，反之则为拉。本组试验荷载时程对应原型为 300 s 的极端风浪流作用，按原型波浪周期 T=10.86 s 计算，约包含 27 个完整周期，27 个大波峰对应荷载加载过程中的最大值。由图还可以看出，采用该简化方法计算得到的风浪流荷载更加接近实际海况。试验中作动器输出荷载的精度也满足要求，能够实现理论计算风浪流荷载的准确施加。

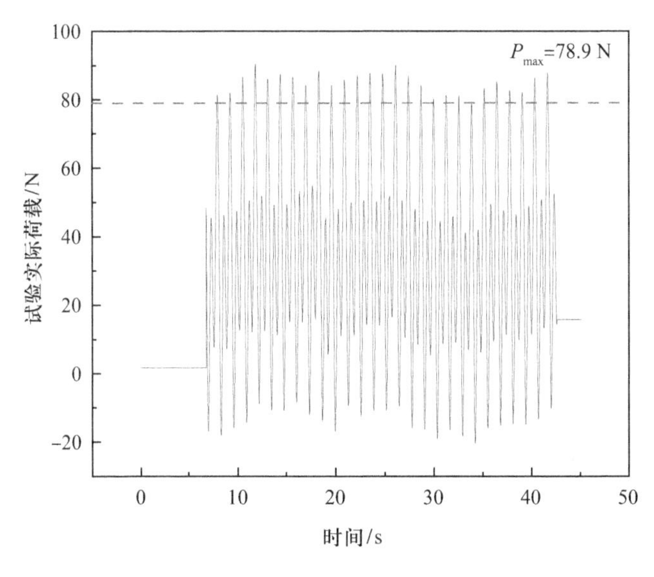

图 4-14　D1 组试验荷载

图 4-15 是海上风电结构模型在极限承载状态设计阶段工况下桩身监测点的位移发展情况。由图 4-15（a）可以看出，不同的动荷载幅值工况下，3 组试验桩身位移的发展变化趋势相同，加载点处的位移都随着荷载的施加不断发展，桩身监测点的位移变化规律基本与荷载的波动一致，在初始桩位左右波动并逐渐往加载方向偏移。若按照以往试验经验用等幅值双向荷载波形，在荷载量级较小时，桩身一般在平衡位置左右波动，并不会发生向一侧的位移累积，由此也说明桩身响应与荷载类型密切相关。取加载段内 27 个大波峰处的峰值位移绘制峰值位移如图 4-15（b）所示，由图可以看出，荷载幅值越大，产生的峰值位移越大，并且峰值位移会随循环次数增加而增大，但是位移累积速率几乎没有减弱。原型极端荷载作用时间短、幅值大，因此可以认为在短期极端风浪流荷载作用下，桩身会快速发生较大位移，工程上应采取保护策略以避免极端风浪作用下风机整体累积位移超限。

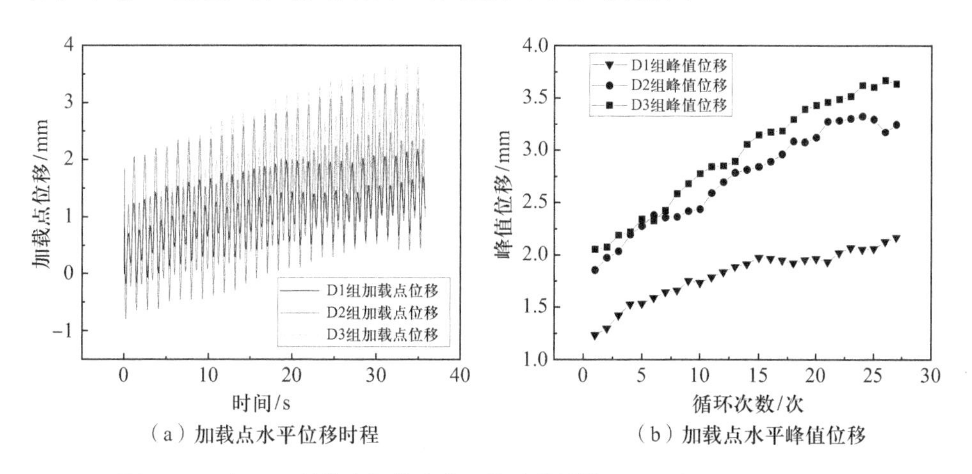

（a）加载点水平位移时程　（b）加载点水平峰值位移

图 4-15　极限承载状态加载点水平位移发展情况［图（a）彩图见插页］

图 4-16（a）、（b）和（c）给出了极端风浪流作用时的 D1、D2、D3 三组的荷载位移试验结果。本组试验模拟的是海洋环境中极端风浪流荷载的短期作用。由图可以看出，桩身位移的发展过程与荷载形式基本一致，说明了荷载作用的形式对位移发展有较大影响。同时可以看出，加载初期和加载后期，荷载位移曲线的密集程度没有明显改变，表明在极端风浪流荷载短期作用下，桩身的位移一直保持较快的发展趋势。在实际工程中，当风机结构受到短期极端风浪作用时，桩身位移的发展会比较迅速，因此应及时采取停机策略，以此减小叶片所受荷载，从而降低桩基结构位移发展速率。

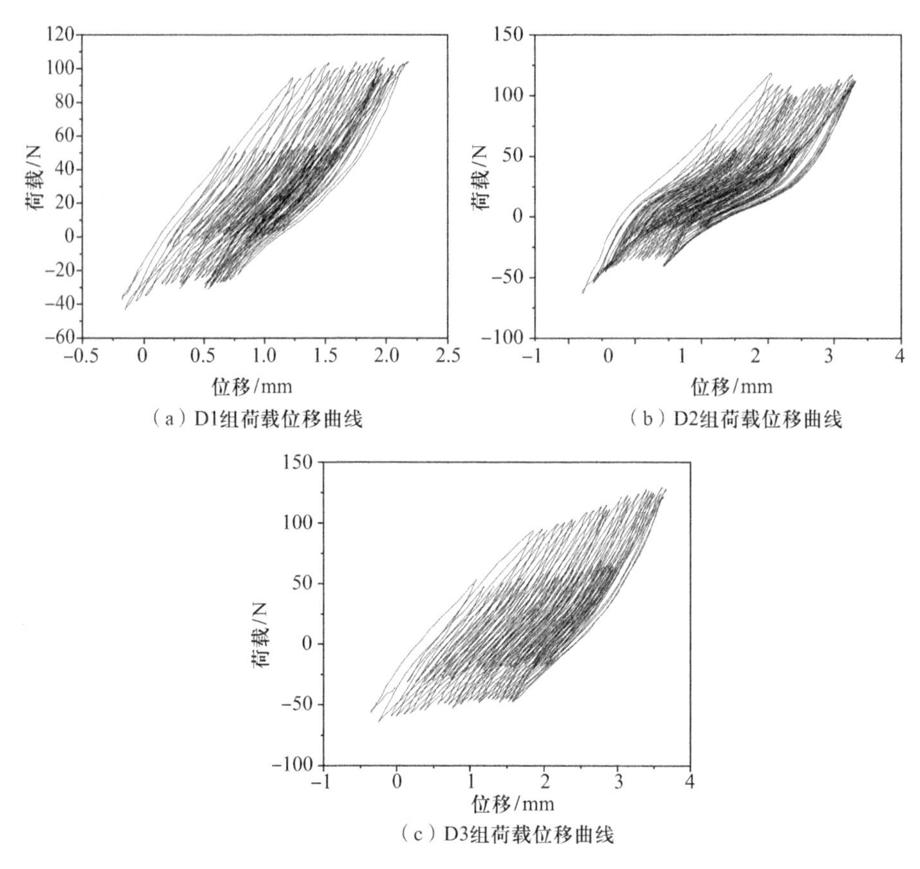

图 4-16　极端风浪流作用荷载位移曲线

在极端风浪流荷载作用过程中，荷载方向改变和幅值波动会导致桩身两侧应变不断变化，将加载段内 27 个大波峰时刻对应的桩身实测应变数据按照桩身弯矩的计算方法处理得到桩身峰值弯矩，由此得到图 4-17 所示的桩身峰值弯矩沿桩深随循环次数的变化曲线。由于三组的弯矩变化趋势相同，现以 D3 组结果为例进行说明。由图可以看出，在模拟加载时长内，桩身弯矩沿着桩身从上到下表现为先增大后减小，最大弯矩出现的位置与静载的情况一致，均在泥面下 2 倍桩径处附近，但最大弯矩深度的位置基本没有发生改变。另外，单向循环荷载作用下，桩身弯矩通常情况下会随着荷载作用次数的增加而增大。而且，随着风浪流荷载作用次数的增加，整体上桩身峰值弯矩出现了小幅增大的现象，但由于在加载时考虑了荷载幅值变化，虽然桩身弯矩总体趋势是随作用次数的增加而增大，但是峰值弯矩并不始终随荷载作用次数的增加而增大，而是会随着荷载的波动而变化。

因此按照等幅值循环荷载作用方式得到的桩身弯矩最大值的试验结果会偏于保守，实际应用中应该考虑将荷载幅值改变对桩身弯矩累积效应造成的影响。

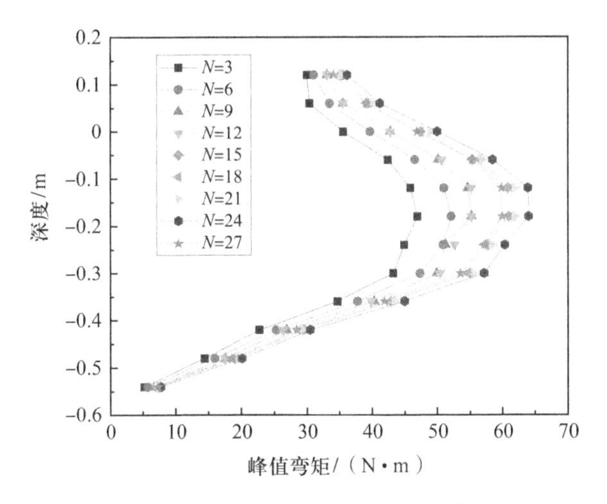

图 4-17　D3 组试验桩身弯矩沿深度变化

图 4-18 给出了模型试验中桩身周围土体中 1 号孔压计位置处孔隙水压力的变化情况。由图可以看出，在整个试验过程中，孔压的变化趋势与荷载的变化形式基本一致。同时可以看出，随着模拟的风浪流荷载的作用，1 号孔压计位置处的峰值孔压有一定的增长，但由于该孔压计位于距离泥面 1 倍桩径深度位置的表层土体中，因此排水效应会导致孔压的上升并不明显。

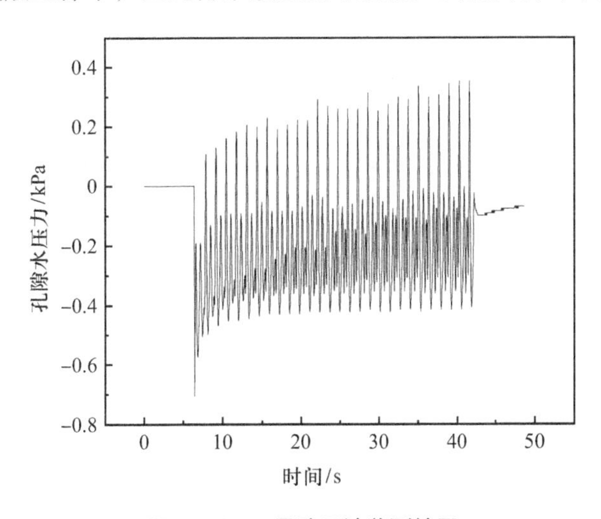

图 4-18　1 号孔压计监测结果

图 4-19 给出了距离桩身较近的 2 号孔压计测得的桩周土中孔隙水压力的变化情况。与 1 号孔压计相比，因为其距离桩身的垂直距离较近，该位置处的土体对于荷载的反应较大，因此产生的位移更加显著，总体孔隙水压力变化幅值要明显高于 1 号孔压计的监测值，但孔压整体的波动形式仍与荷载形式基本一致。由于距离桩身较近，桩基往复运动会导致桩身与土体之间产生排水通道，从而产生接触渗流作用，因此孔压的累积仍然不够明显，但峰值孔压有一定增长。

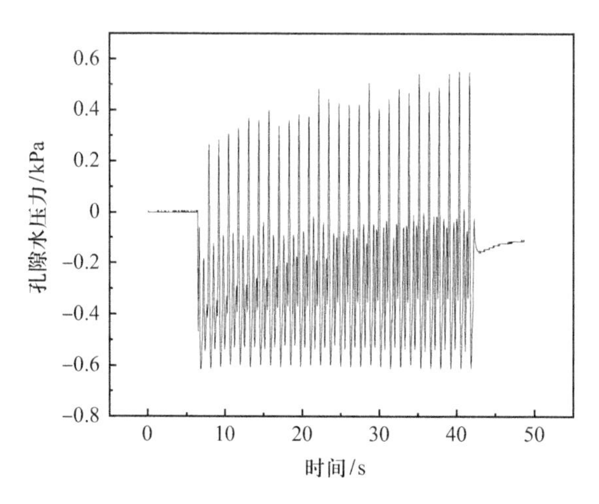

图 4-19　2 号孔压计监测结果

图 4-20 给出了模型试验中位于深层土体中的 8 号孔压计位置处桩周土体的孔隙水压力变化情况，由图可以看出，8 号孔压计处土体孔隙水压力的累积情况。当荷载开始作用时，桩身两侧桩周土体被不断压密，超静孔隙水压力的变化趋势与荷载波动一致并不断累积，超静孔隙水压力逐渐上升。但在经过一定次数荷载作用之后，桩周土体逐渐密实导致超静孔隙水压力的累积逐渐趋于平缓。随着加载的停止，桩周土的超静孔隙水压力表现为立刻下降。这个试验结果与实际工程中饱和砂土地基中的单桩在受到极端风浪流荷载作用时，海床地基土的孔隙水压力会产生累积增长的规律相符。

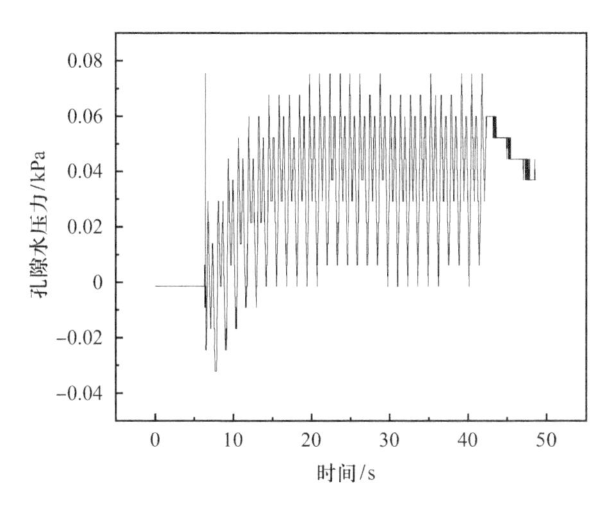

图 4-20　8 号孔压计监测结果

将 8 个不同位置的孔压计测得的孔隙水压力结果，取各个位置的孔隙水压力最大值沿深度分布的结果绘制在图 4-21 中。由于土体表面排水，因此土体表面的孔隙水压力为零。由图 4-21 可以看出，总体来看，桩周土体中的孔隙水压力沿土体深度的变化呈现先增大后减小的趋势；同时，与桩的垂直距离越小，孔压的变化幅度越大，见图中孔压计 2 和 3 的结果。与桩相同垂直距离的位置处，浅层土体的孔压幅值比深层土体的孔压幅值大——图中孔压计 2 的结果大于孔压计 5 和 7 的结果，孔压计 3 的结果大于孔压计 6 和 8 的结果。

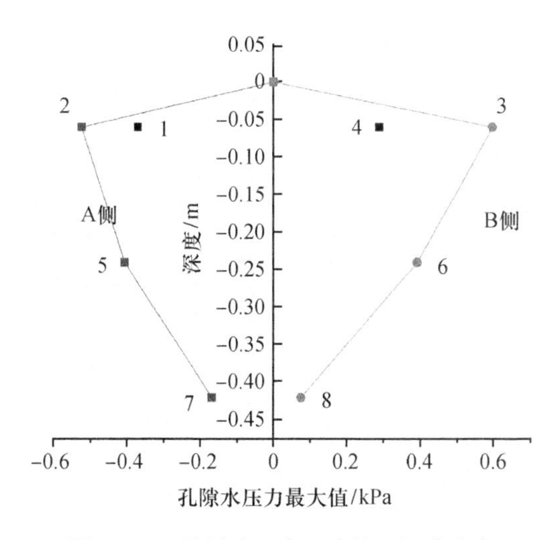

图 4-21　孔隙水压力最大值沿深度分布

4.3.3 正常风浪流荷载长期作用试验结果分析

本组试验目的是考察正常海况风浪流荷载长期作用下海上风电桩基础的动力响应。根据原始海况正常风浪对应的参数，通过荷载计算程序得到荷载幅值设计值为 $0.1P_u$、$0.2P_u$、$0.3P_u$ 的动荷载时程，取风浪流荷载计算程序模拟出的 300 s 荷载时程，连续加载 181 次，总时长为 54 300 s，按照波浪周期 T=10.86 s 计算，荷载总作用次数为 5000 次，经相似比折算后长期荷载试验一共加载 6 490.1 s。图 4-22 是 L1 组试验荷载的实际加载曲线，由图可以看出，在整个长期加载过程中，荷载的最大值维持稳定，细部荷载仍按照前述动荷载波形变化。

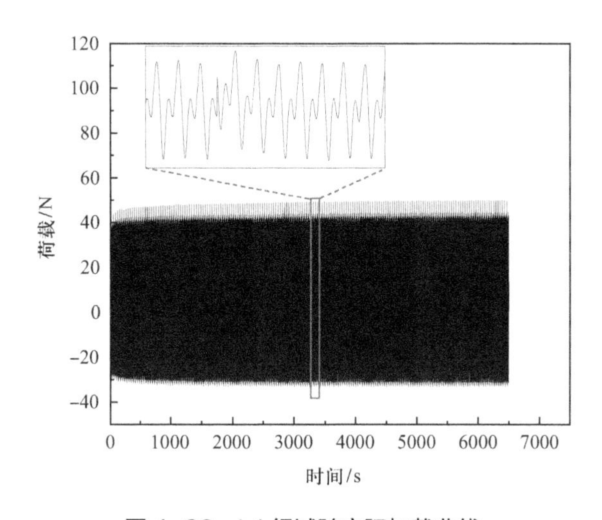

图 4-22 L1 组试验实际加载曲线

图 4-23 分别对应循环荷载比为 10%、20% 和 30% 的位移发展情况，从整体上看，当荷载量级较小时（10% 组），单桩基础在风浪流循环荷载的作用下几乎未发生累积变形，桩基只是在初始桩位附近往复摆动，并没有像预想的那样，出现向一侧有比较明显的累积变形的情况。当长期循环荷载幅值增大到静力极限承载力的 20% 时，单桩基础在循环荷载作用下向加载对侧逐渐偏移，加载前期（前 500 s）累积位移有一定发展，但是在加载后期，累积位移的增加逐渐微弱。当荷载足够大，接近极端动荷载的设计值（30%）时，在 5000 次循环内，桩基累积位移不断发展，虽然从整个加载过程来看，前期位移增长较快，到后期累积位移的增加逐渐平缓，但是

在较大幅值的长期荷载作用下，累积位移的发展逐渐减弱的趋势会出现得越来越晚，也就说明，当荷载量值较大时，容易发生累积位移超出限值的情况。

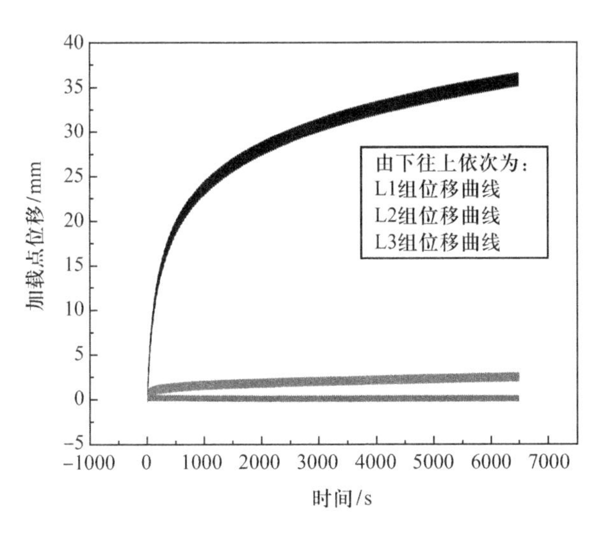

图 4-23　位移累积发展情况对比图

图 4-24（c）给出了 L3 组风浪流长期荷载作用下单桩基础加载点的位移随时间变化曲线。由图可以看出，桩身加载点处的位移随着加载作用次数的增加而增大，由细部位移图可知，桩基整体位移的发展仍与荷载的波动一致，位移循环振荡并逐渐向加载方向累积，说明荷载形式会对桩身位移的发展过程产生显著影响；另外，可以看出在前几次循环作用内，位移累积效果更加显著，随着加载时间增加，后半段的位移累积作用逐渐减弱，这是由于加载对侧桩周土体在长期动力荷载作用下被不断压实，地基土体抵抗水平荷载的能力逐渐增强。

当循环荷载比为 10% 时，由于长期试验中所用的荷载波形也是非等幅值双向的循环荷载，只是通过风浪参数的调整改变了荷载幅值，加载初期（前$\frac{1}{3}$的加载过程）加载点处的桩基位移首先向受拉侧发展，桩身向受拉侧偏移，加载中后期（后$\frac{2}{3}$的加载过程）加载点处的桩基位移向受拉侧发展的趋势逐渐减缓，最终桩基在荷载作用下在当前的桩位附近往复摆动。与向作动器加载对侧发生位移累积的预期不同，可能的原因是本次填土过程不够规范，导致作动器加载侧的土体并没有对侧密实，以至于随着加载的进行，桩身向作

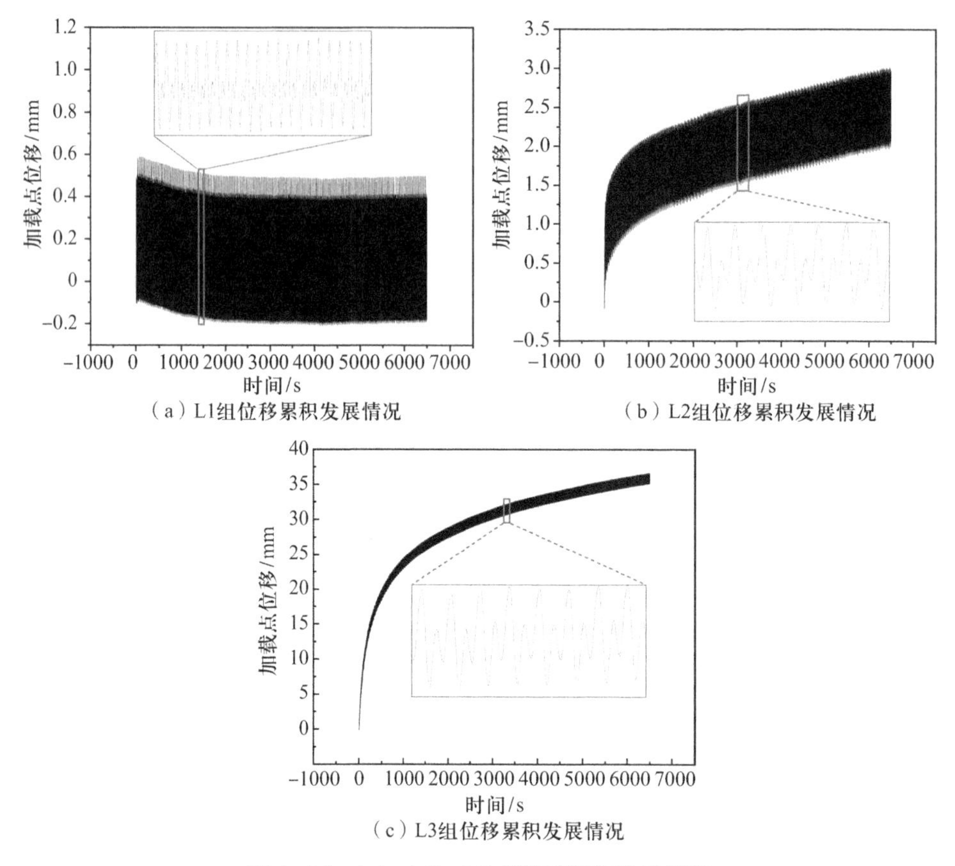

（a）L1组位移累积发展情况

（b）L2组位移累积发展情况

（c）L3组位移累积发展情况

图 4-24　L1、L2、L3 组位移累积发展情况

动器加载侧，也即实际加载波形中的受拉侧产生了偏移。当循环荷载比为 20% 和 30% 时，位移变化情况趋于一致，在模拟海洋环境循环荷载作用下，桩身加载点处的位移在加载初期增长比较迅速，而加载后期位移增长逐渐放缓。

由于海上风机服役期间受到的动力荷载循环作用次数可达到 10^7~10^8，试验模拟中无法完成如此高循环次数的加载，因此通常需要采用一定的累积位移计算公式来预测未来水平位移的发展。由于本次试验中荷载的不规则性（同时存在大波峰和小波峰），寻峰的数据提取较为困难，因此仅分析了加载点处整体位移与循环作用次数的关系。图 4-25 给出了桩身加载点位移与循环次数对数的关系，由图可以看出，在一定的加载循环次数后，桩身加载点处水平累积位移与循环次数的对数近似成线性关系。取 10 次循环之后的数据进行线性拟合，可以得出桩身加载点水平累积位移与循环次数对数的线性关系表达式，见图 4-25 所示，通过该线性关系可以近似估计或预测高周次的海洋环境动荷载作用下风机结构水平位移的发展。

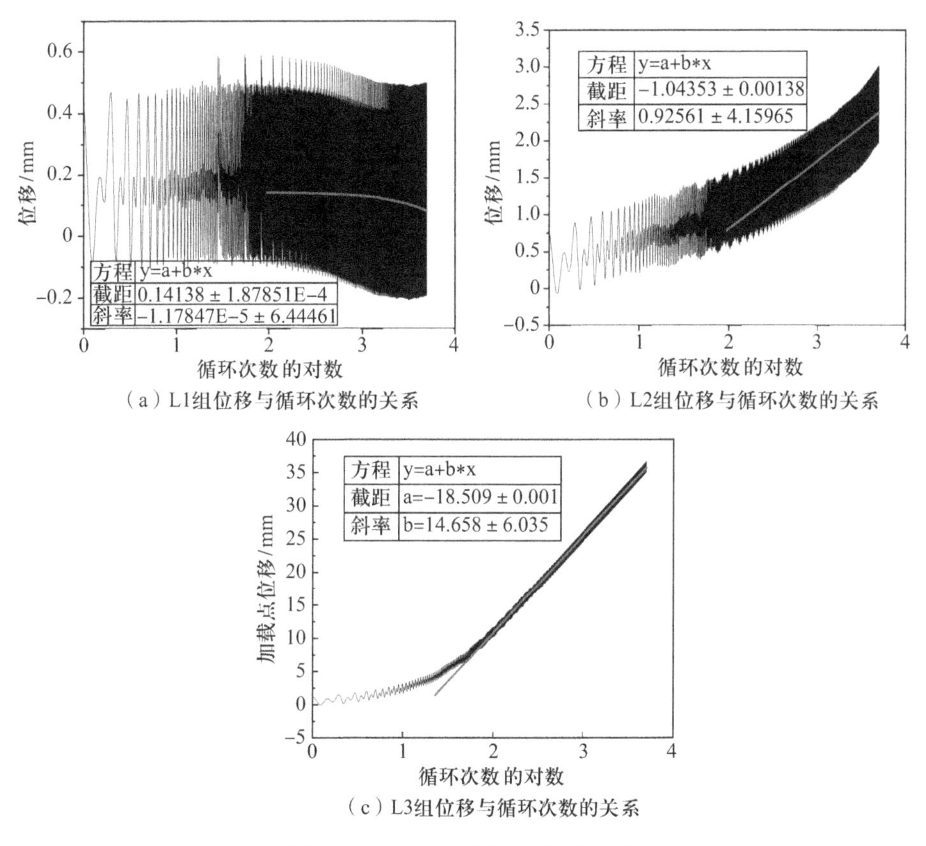

（a）L1组位移与循环次数的关系

（b）L2组位移与循环次数的关系

（c）L3组位移与循环次数的关系

图 4-25　位移与循环次数的关系

图 4-26（b）是 L2 组加载点处的荷载位移曲线。通过本组单桩荷载位移曲线可以更加清晰地看出，随着荷载的作用，桩身位移向荷载正方向不断累积，且前几次荷载作用位移累积的幅度大于后几次累积，荷载位移滞回圈的面积逐渐减小，直观地表明位移累积效应逐渐减弱。

对于 10% 试验组，由于位移出现了反向累积，后期位移发展变化逐渐停止，因此后三段荷载位移曲线比较集中。从三组荷载位移曲线可以看出，随着循环加载的进行，荷载位移曲线滞回圈的面积逐渐减小，更清晰地说明位移发展速率会随着循环次数的增加而减小；从荷载 - 位移曲线可以看出，出现了荷载逐渐增大的现象，说明随着循环荷载的作用，桩身两侧土体被不断压密，由此造成了荷载逐渐增大。

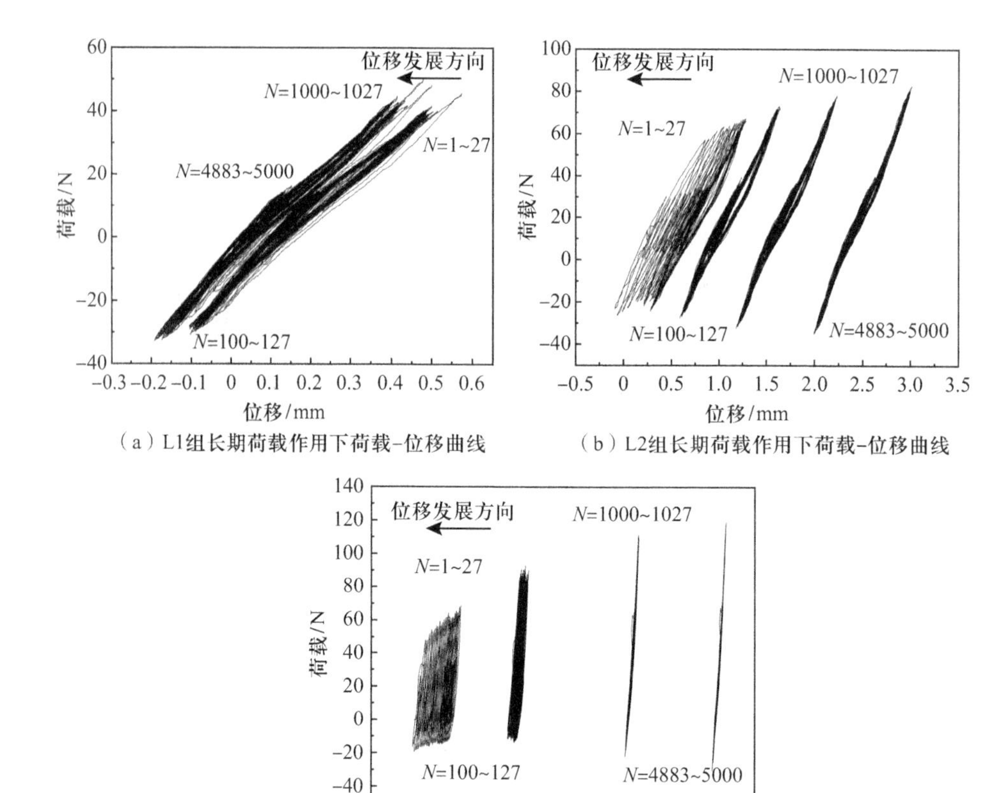

（a）L1组长期荷载作用下荷载-位移曲线

（b）L2组长期荷载作用下荷载-位移曲线

（c）L3组长期荷载作用下荷载-位移曲线

图 4-26　长期荷载作用下荷载 - 位移曲线

图 4-27（a）、（b）和（c）分别给出了在风浪流长期循环作用期间三种工况下土体中 4 号孔压计监测到的超孔隙水压力变化情况。由图 4-27 可以看出，在开始加载的最初时期，三组试验测得的孔压均为负值，这是由于荷载作用初期，桩身在荷载作用下发生震荡，与土体中间产生了一定空隙，从而产生了负孔压。之后，随着长期荷载的作用，桩周中部土体整体孔隙水压力呈现上升趋势，但是在一定循环次数后，孔压的上升趋于稳定值，孔隙水压力仍然随荷载的作用而循环波动。三组试验中 4 号孔压计的孔隙水压力变化趋势比较相似，仅是由荷载幅值不同而导致孔压的结果在数值上有所不同。

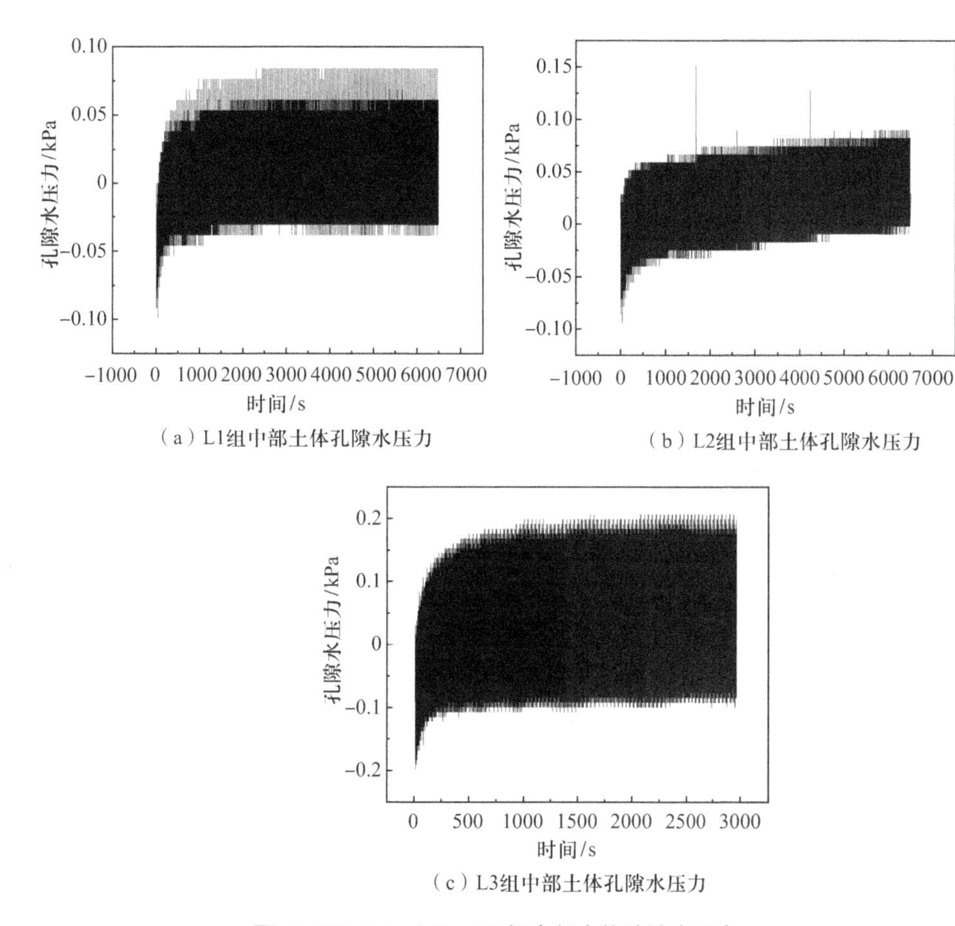

（a）L1组中部土体孔隙水压力

（b）L2组中部土体孔隙水压力

（c）L3组中部土体孔隙水压力

图 4-27 L1、L2、L3 组中部土体孔隙水压力

图 4-28 给出了在风浪流长期循环作用下中部土体中 5 号孔压计监测到的超孔隙水压力变化情况。与第二组极端工况的试验结果类似，当荷载开始作用，桩身加载对侧土体被不断压实，长期的动力作用使得桩周中部土体整体孔隙水压力上升，在一定循环次数后，孔压的上升趋于稳定，孔隙水压力随着荷载作用的波动而循环振荡。

最大桩身弯矩是实际工程中基础设计时的重要参数，根据以往研究结论，循环荷载作用下桩身弯矩会逐渐增大。为了考察在模拟正常风浪流长期荷载作用下的桩身弯矩发展情况，将模拟风浪流峰值荷载作用 N 次时的应变数据提取，并通过前述的桩身弯矩计算方法进行处理，得到了不同循环次数下的桩身峰值弯矩分布图。

由于长期荷载作用下，L1、L2、L3 三组桩身峰值弯矩的变化情况一致，

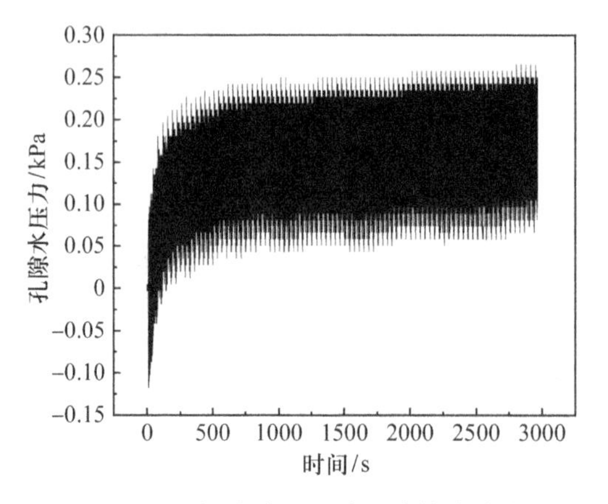

图 4-28　L3 组试验 5 号孔压计的孔隙水压力

现以 L1 组试验中桩身弯矩的结果为例进行分析。图 4-29 给出了桩身弯矩随循环次数的变化情况。从整体的变化趋势来看，桩身峰值弯矩随着长期荷载作用次数的增加而增大，但是最大弯矩出现的位置并没有发生改变。另外，桩身峰值弯矩增大的效应会随着荷载作用次数的增加而减弱，后期加载次数的增多对于峰值弯矩增大没有明显贡献。

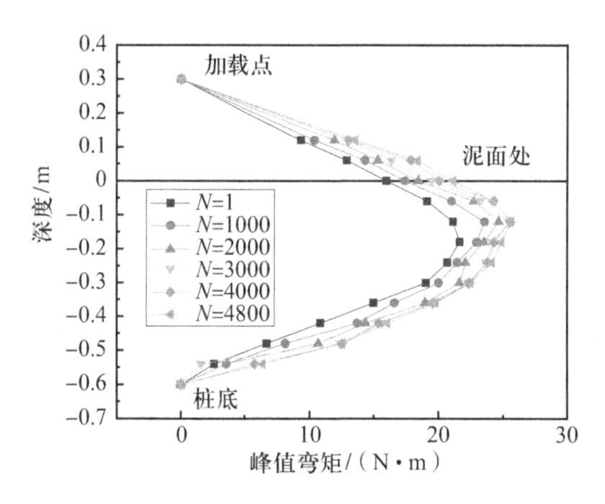

图 4-29　L1 组桩身弯矩随循环次数的变化图

4.3.4　小结

针对饱和砂土地基中的单桩基础，本研究采用自主研发的复杂动荷载作用下海上风电结构试验加载系统，开展了模拟风浪流荷载作用下海上风电单桩基础系列模型试验，分析了饱和砂土场地中钢管桩基础在承受水平静荷载、极端风浪流荷载及长期风浪流荷载作用时桩身的水平位移、桩身弯矩以及桩侧孔隙水压力的变化情况和规律。主要结论如下。

①饱和砂土地基中的单桩荷载位移曲线为加工硬化型；桩身弯矩沿深度呈现先增大后减小的趋势，最大桩身弯矩出现在泥面下 2 倍桩径处；随着荷载施加，在桩周不同位置监测到的孔隙水压力均有上升，但加载侧孔压上升没有加载对侧明显。

②模拟极端风浪作用试验中，桩身位移在荷载作用下不断累积，位移增长速率无明显减弱；荷载峰值处的最大桩身弯矩随加载次数的增大而呈现增大的趋势，但是应考虑荷载幅值改变对桩身弯矩累积效应的影响。

③模拟长期风浪作用的试验结果发现，饱和砂土场地单桩基础受循环风浪荷载作用时位移累积速率随循环次数的增加而变慢，桩身加载点处位移发展与循环次数对数近似成线性关系。

④将理论计算的风浪流荷载与自主研发的复杂加载系统模型试验相结合，不仅为模型试验中使用简单装置模拟风浪流荷载提供了一些思路，而且相对以往试验来说，更加精确考虑了海洋环境动荷载的特点，得到的动力响应规律更加符合实际海况。

参考文献

[1] ZHANG X L, LIU C R, WANG P G, et al. Experimental simulation study on dynamic response of offshore wind power pile foundation under complex marine loadings [J]. Soil Dynamics and Earthquake Engineering, 2022a, 156: 107232.

[2] 张小玲，刘建秀，杜修力，等．风浪流共同作用下海上风电基础与海床的动力响应分析 [J]. 防灾减灾工程学报，2018，38（04）：658-668.

[3] SIMIU E, SCANLAN R H. Wind effects on structures: an introduction to wind engineering [M]. Hoboken: Wiley, 1978.

[4] DAVENPORT A G. The relationship of reliability to wind loading [J]. Journal of Wind Engineering & Industrial Aerodynamics, 1983, 13 (1-3): 3-27.

[5] KAREEM A, KIJEWSKI T. Time-frequency analysis of wind effects on structures [J]. Journal of Wind Engineering & Industrial Aerodynamics, 2002, 90 (12/15): 1435-1452.

[6] MÉHAUTÉ B L, DIVOKY D, LIN A. Shallow water waves: a comparison of theories and experiments [J]. Coastal Engineering Proceedings, 1968, 1 (11): 7.

[7] DI A, SB B, DMW C. Dynamic soil - structure interaction of monopile supported wind turbines in cohesive soil [J]. Soil Dynamics and Earthquake Engineering, 2013, 49: 165-180.

[8] ZHANG X L, LIU C R, YE J H. Model test study of offshore wind turbine foundation under the combined action of wind, wave and current [J]. Applied Sciences-Basel, 2022b, 12 (10): 5197.

[9] LEBLANCE C, HOULSBY G T, BYRNE B W. Response of stiff piles in sand to long-term cyclic lateral loading [J]. Geotechnique, 2010, 60 (2): 79-90.

[10] BROMS B B. Lateral resistance of piles in cohesionless soils [J]. ASCE Soil Mechanics and Foundation Division Journal, 1964, 90 (3): 123-156.

[11] ASHOUR M, NORRIS G. Lateral loaded pile response in liquefiable soil [J]. Journal of Geotechnical and Geoenvironmental Engineering, 2003, 129 (5): 404-414.

[12] SKAARE B, HANSON T D, NIELSEN F G, et al. Integrated dynamic analysis of floating offshore wind turbines [C]//Proceedings of 2007 European Wind Energy Conference and Exhibition. Milan, Italy: EWEA, 2007.

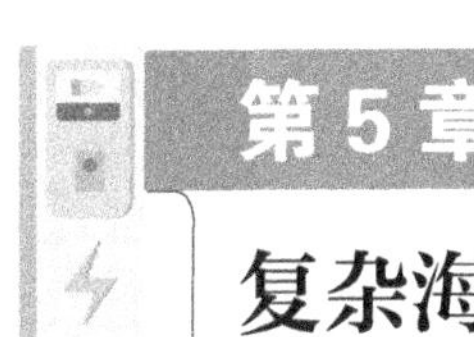

第5章 复杂海洋环境下海上风电基础的承载性能

海上风机建在近海水域，面临着恶劣的海洋环境。风机结构长期处于风、波浪和海流等各种海洋环境荷载的相互作用下，会导致海上风机结构产生弯曲和变形，从而引发海上风机系统周围海床发生变形、液化和不稳定等安全问题[1-2]。除此之外，海上风机系统还需承受上部结构产生的巨大弯矩荷载。上述荷载的共同作用使得海上风机容易发生严重破坏。本章采用谐波叠加法、斯托克斯二阶波浪理论和莫里森方程对海上风机系统受到的风浪流荷载进行计算，并根据 Turkstra（特克斯特拉）准则，将风荷载、波浪荷载和海流荷载进行叠加组合[3]。同时，建立了海上风电基础与海床动力相互作用的三维有限元计算模型[4]，从而分析海上风机系统塔筒水平位移、竖向应力和基础水平位移等在不同荷载组合条件下的动力响应特性。在此基础上，进行了超孔隙水压力响应的计算，以此分析不同荷载参数对海床超孔隙水压力的影响[5]，进而全面评估近海风电场的结构安全性和稳定性。使用荷载 - 位移联合搜寻法研究了海上风电基础在 V–H、V–M、H–M 以及 V–H–M 四种不同荷载空间内的承载力包络线及海床地基的破坏模式，对不同荷载空间内的承载力包络线进行了参数分析。在分析过程中，对承载力包络线进行了归一化处理，建立了相应的拟合公式。最后，结合计算得到地基承载力包络线，对江苏盐城响水风电场项目正常工况下的海上风电基础和海床地基的稳定性进行分析判断，这些计算结果为海上风电桩基础的设计提供了重要的参考依据，有助于优化设计方案并提高整体工程的安全性和可靠性[6]。

5.1 海洋环境荷载计算

海上风机长期处于复杂的海洋环境中，面临着风、波浪和海流等多种海洋环境荷载的综合影响。本节主要针对海洋环境荷载中对风机结构影响较大的风荷载、波浪荷载及海流荷载进行模拟，计算方法见 4.1 节。

5.2 海上风电基础与海床动力相互作用数值模型

5.2.1 工程概况

本节根据江苏盐城响水风电场项目的实际情况，建立相应的数值分析模型，以此来分析该风机系统在风、波浪和海流等荷载共同作用下的动力响应特性[7]。江苏省位于中国东部沿海，拥有长达 1000 km 的海岸线和 6500 km^2 的沿海滩涂面积。响水位于江苏省盐城市，总面积为 1378 km^2，拥有 43 km 的海岸线和 1600 km^2 的沿海滩涂面积。该地区的海底地势平坦，海底地质条件良好，波浪、洋流较小，附近设施相对较少，风能资源丰富，非常适合建设大型近海风电场。根据实测数据，在响水风电场所处海域 10 m 高度处，平均风速为 13.4 m/s。海域水深为 5 m，平均波高为 2.68 m，波长为 74.1 m，海流平均流速为 0.88 m/s。

5.2.2 计算模型控制方程

基于评价海床动力响应的 u–p 近似模型[8]，当考虑孔隙流体的压缩性与土体惯性力项时，其固结方程为：

$$\nabla^2 p - \frac{\gamma_w}{k} n\beta \frac{\partial p}{\partial t} + \rho_f \frac{\partial^2 \varepsilon}{\partial t^2} = \frac{\gamma_w}{k}\frac{\partial \varepsilon}{\partial t} \tag{5-1}$$

式中：p 为多孔弹性介质中的超孔隙水压力；k 为海床的渗透系数；ε 为海床土体的体应变；n 为孔隙率；γ_w 为海水的重度；ρ_f 为海水的密度；β 为纯水的压缩系数，$\beta=1/K_w+(1-S_r)/P_w$（K_w 为水的弹性模量；S_r 为饱和度；P_w 为纯水的压力）。

三维条件下多孔弹性海床土体的有效应力与应变满足胡克定律，其控制方程可通过变形的几何条件和有效应力原理得到，具体形式如下。

$$G\nabla^2 u + \frac{G}{(1-2\mu)}\frac{\partial \varepsilon}{\partial x} = \rho \frac{\partial^2 u}{\partial t^2} + \frac{\partial p}{\partial x} \tag{5-2}$$

$$G\nabla^2 v+\frac{G}{(1-2\mu)}\frac{\partial\varepsilon}{\partial y}=\rho\frac{\partial^2 v}{\partial t^2}+\frac{\partial p}{\partial y} \tag{5-3}$$

$$G\nabla^2 w+\frac{G}{(1-2\mu)}\frac{\partial\varepsilon}{\partial z}=\rho\frac{\partial^2 w}{\partial t^2}+\frac{\partial p}{\partial z} \tag{5-4}$$

式中：u、v、w 为土骨架沿 x、y、z 方向发生的位移；p 为多孔弹性介质中的超孔隙水压力；ε 为海床土体的体应变；G 为土体的剪切模量；μ 为泊松比；ρ 为土水混合体的密度，$\rho=(1-n)\rho_s+\rho_f$（ρ_s 和 ρ_f 分别为土体颗粒和流体的密度）。在式（5–2）、（5–3）和（5–4）中等式右边的第二项均为海床土体的惯性力项。

按照弹性动力学理论，海床中桩基础结构物的控制方程为：

$$\sigma_{pij,j}+\rho_p b_{pi}=\rho_p\ddot{u}_{pi}(i,j=1,2,3) \tag{5-5}$$

式中：σ_{pij} 为桩基础内应力；ρ_p 为桩基础材料密度；b_{pi} 为桩基础的体积力加速度；$\ddot{u}_{pi}$ 为桩基础的加速度。

5.2.3 计算模型边界条件

对于海上风电基础周围海床，分别考虑了海底刚性基床、海床表面、侧面的边界条件。

海床表面：当忽略海床表面的摩擦力时，海床表面的竖向有效应力和剪应力可不予以考虑，即：

$$\sigma_z'=\tau_{xz}=0,\quad z=0 \tag{5-6}$$

海床底面：海床底部为不透水刚性基床，土的位移为0，法向流量为0，即：

$$u=v=w=0\quad \frac{\partial p}{\partial z}=0,\ z=-h \tag{5-7}$$

海床侧面：考虑到侧向边界条件的影响仅仅局限于边界附近，这样在计算条件允许的情况下，可以利用较大的水平计算域来减少侧向边界的影响，因此海床侧面同样采用不透水固定边界，即：

$$u=v=w=0\quad \frac{\partial p}{\partial z}=0,\ x=\pm l \tag{5-8}$$

$$u = v = w = 0 \qquad \frac{\partial p}{\partial z} = 0, \ y = \pm l \tag{5-9}$$

5.2.4 模型参数及验证

本系列数值模拟原型选自江苏盐城响水风电场项目的工程资料，其中风机参数和土层参数都取自项目中的实际资料。项目原型中单桩基础采用钢管混凝土桩，桩长为 70 m，平均入土深度为 42.4 m，风机塔筒高为 66.68 m；基础筒壁与塔筒材料的详细参数如表 5–1 所示。海床主要以淤泥质土和粉砂为主，土体主要物理性质参数如表 5–2 所示。钢管混凝土桩及机身均采用各向同性的线弹性本构模型，海床采用多孔弹性本构模型。在计算模型中，单桩基础与周围海床的接触采用指定位移的约束方式，将桩体与海床进行绑定，使海床的位移和变形与桩基础一致，以此来考虑基础与海床之间的相互作用，该有限元模型共 80 068 个节点 43 749 个单元。

表 5–1　风机主要部件参数

序号	设备	尺寸：长（直径）× 宽（壁厚）× 高	材料
1	机舱	8.96 m × 3.62 m × 3.68 m	复合材料
2	塔筒	ϕ4.3 m × 0.045 m × 62.3 m	Q345 钢
3	桩	ϕ4.3 m × 0.045 m × 70 m	——

表 5–2　土体物理性质参数

序号	土名	厚度 /m	密度 /（g/cm^3）	杨氏模量 /kPa	泊松比
1	淤泥质土	17.6	1.724	2180	0.38
2	粉砂	>12.4	2.13	80 000	0.33

图 5–1 展示了该海上风机基础所受到荷载的作用方向及相对位置，对其中海床土体及风机结构的各部件位置及材料进行了简单示意。图 5–2 为本节在有限元软件 COMSOL Multiphysics 中建立的海上风电基础三维模型。

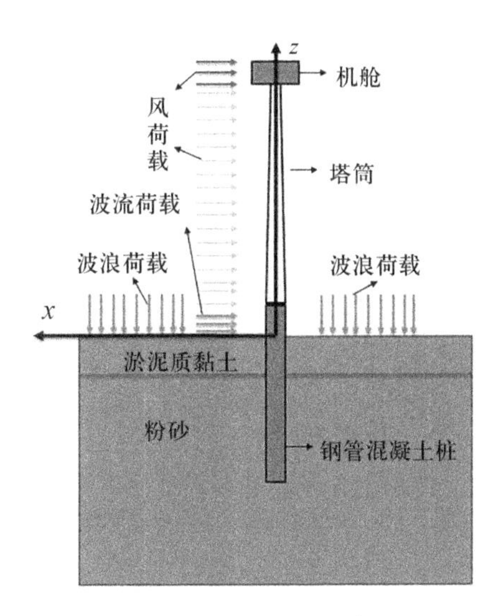

图 5-1　模型荷载示意图

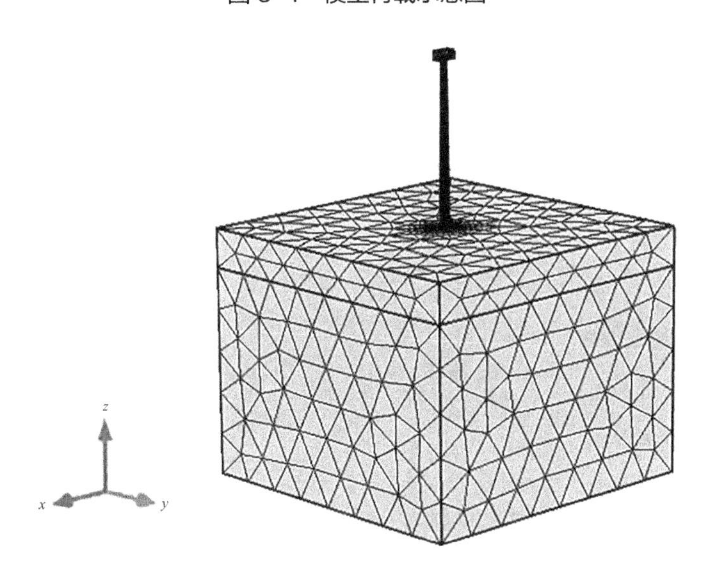

图 5-2　海上风电基础三维模型图

将本节与王明超[9]建立的海上风机系统模型在风荷载和波流荷载共同作用下的动力响应结果进行对比，其中海域条件为：额定风速为 11.4 m/s；平均流速为 0.6 m/s，波高为 2.2 m，波浪周期为 5.83 s，水深为 25 m。图 5-3 为王明超[9]模拟的塔筒顶端水平位移时程曲线结果，图 5-4 为本节建立的模型得到的计算结果，相比结果接近，拟合较好，可以用本节的模型进行下一步分析和计算。

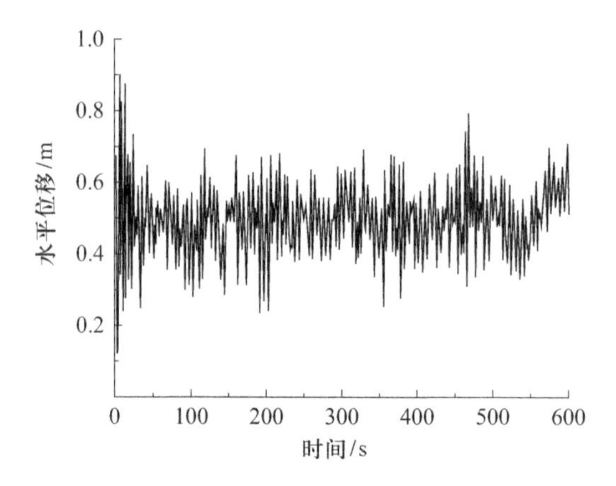

图 5-3　塔筒顶端水平位移时程曲线

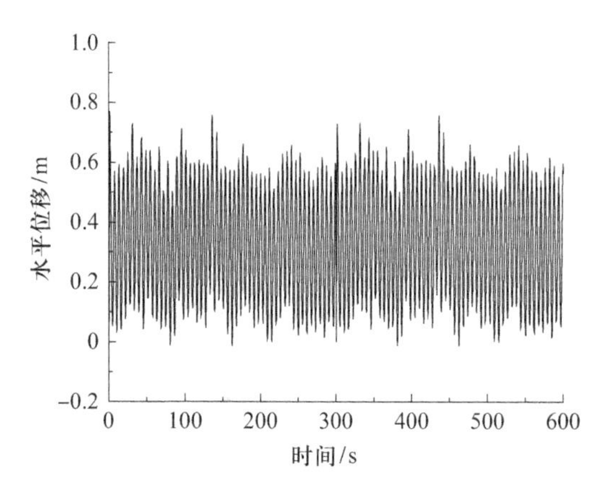

图 5-4　本节塔筒顶端水平位移时程曲线

5.2.5　风浪流荷载组合

针对海上风电基础承受风浪流荷载的相互作用问题，本节利用工程荷载组合的 Turkstra 准则[10]对风荷载、波浪荷载和海流荷载进行组合，并在此基础上增加了三种工况与基本工况的对比分析。

Turkstra 准则是指假定在所有参与组合的可变荷载效应中，依次以一个荷载效应在 $[0, T]$ 的极值与其余荷载效应的瞬时值组合，并选取具有最大荷载效应作为控制形式。其过程简述如下：

假定有 n 个可变荷载参与组合，其效应的随机过程可表示为 $\{S_i(t), t \in [0, T]\}$（$i=1, 2, \cdots, n$），则共有 n 个组合，表示为：

$$S_{M_1} = \max_{0 \leqslant t \leqslant T}[S_1(t)] + S_2(t_0) + \cdots + S_n(t_0) \tag{5-10}$$

$$S_{M_2}=S_1(t_0)+\max_{0\leqslant t\leqslant T}[S_2(t)]+\cdots+S_n(t_0) \quad (5-11)$$

$$S_{M_n}=S_1(t_0)+S_2(t_0)+\cdots+\max_{0\leqslant t\leqslant T}[S_n(t)] \quad (5-12)$$

式中：t_0 为设计基准期内的任意时刻；S_{M1} 为第一个组合的最大值；$\max\limits_{0\leqslant t\leqslant T} S_n(t)$ 为第 n 个荷载效应在设计基准期内的最大值；S_n（t_0）为第 n 个荷载效应的时点值。最不利荷载效应组合为：

$$S_M=\max(S_{M_1},S_{M_2},\cdots,S_{M_n}) \quad (5-13)$$

当参与组合的可变荷载为三个时，采用 Turkstra 组合规则，以一个荷载效应在 [0，T] 的极值与其余两个荷载效应的瞬时值组合。由于两个荷载效应的瞬时值不是同时达到最值，这就有可能漏掉三个荷载同时达到最值的极端情况，鉴于此增加以两个荷载效应在 [0，T] 的极值与其余一个荷载效应的瞬时值组合的情况，同时与采用 Turkstra 组合规则得到的三种情况进行对比，现得到了以下 6 种组合方式：

组合一：
$$F_1(t)=\max_{0\leqslant t\leqslant T}[F_{风}(t)]+F_{海流}(t)+F_{波浪}(t) \quad (5-14)$$

组合二：
$$F_2(t)=F_{风}(t)+\max_{0\leqslant t\leqslant T}[F_{海流}(t)]+F_{波浪}(t) \quad (5-15)$$

组合三：
$$F_3(t)=F_{风}(t)+F_{海流}(t)+\max_{0\leqslant t\leqslant T}[F_{波浪}(t)] \quad (5-16)$$

组合四：
$$F_4(t)=\max_{0\leqslant t\leqslant T}[F_{风}(t)]+\max_{0\leqslant t\leqslant T}[F_{海流}(t)]+F_{波浪}(t) \quad (5-17)$$

组合五：
$$F_5(t)=\max_{0\leqslant t\leqslant T}[F_{风}(t)]+F_{海流}(t)+\max_{0\leqslant t\leqslant T}[F_{波浪}(t)] \quad (5-18)$$

组合六：
$$F_6(t)=F_{风}(t)+\max_{0\leqslant t\leqslant T}[F_{海流}(t)]+\max_{0\leqslant t\leqslant T}[F_{波浪}(t)] \quad (5-19)$$

5.2.6 数值计算结果分析

1. 风机塔筒顶端和基础顶端水平位移响应分析

风浪流荷载共同作用下海上风电基础上部塔筒顶端的水平位移时程曲线如图 5-5 所示。当选取一个荷载最大值和其他两个荷载时程的组合方式时，即采用组合一、二、三进行计算，结果发现：采用组合一，即最大风荷载叠加海流荷载时程和波浪荷载时程的组合方式产生的塔筒顶端水平位移最大，最大值约为 0.560 m；当选取两个荷载最大值与剩余的一个荷载时程的组合方式时，即对组合四、五、六进行计算发现，采用组合四，即最大风荷载叠加最大海流荷载和波浪荷载时程时，相较于其他组合方式，该组合的塔筒顶端水平位移最大，其最大值达到 0.568 m。当风荷载以荷载时程的方式进行荷载组合时，其风机塔筒顶端水平位移的动态变化与风荷载的动态变化呈现出相似的趋势。具体而言，水平位移值在时间上表现出较大的波动，并且其数值在 x 轴负向上在 -0.25~-0.55 m 的范围内变化（如组合二、三、六）；当风荷载以最大值的方式进行荷载组合时，其塔筒顶端水平位移随时间变化波动较小，其中，当海流荷载以荷载时程的方式进行荷载组合时，塔筒顶端水平位移的动态变化规律与海流荷载的变化规律相似，其水平位移值在 x 轴负向 -0.545~-0.560 m 范围内变化（如组合一、五），当海流荷载以最大值的方式进行荷载组合时，塔筒顶端水平位移随时间变化趋于平缓（如组合四）。由上述分析可知，风荷载和海流荷载对风电基础上部塔筒的动力响应影响较大。从不同的组合中可以观察到，相较海流荷载和波浪荷载以荷载时程的施加方式，当风荷载以荷载时程的方式施加在风机系统上时，其塔筒顶端水平位移的波动幅度要大得多，如组合四、五、六所示，由此可见，风荷载的动力特性对风机上部结构的影响要比海流荷载和波浪荷载大得多。

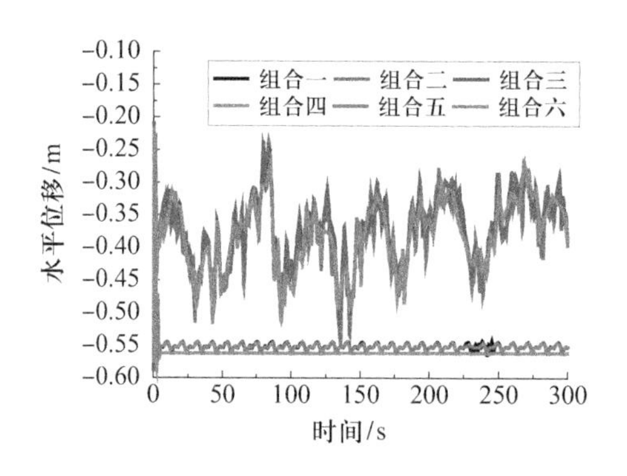

图 5-5　塔筒顶端水平位移时程曲线（彩图见插页）

图 5-6 所示为海上风电基础在风浪流荷载共同作用下的顶端水平位移时程曲线。当采用组合一、二、三进行计算时，组合二情况下的风电基础顶端的水平位移最大，方向为沿 x 轴负向，最大值约为 -0.010 5 m；其原因是海流荷载在基础顶端产生的水平力较大，而风荷载和波浪荷载在基础顶部产生的水平力较小。当采用组合四、五、六对基础进行动力计算时，采用组合四的施加方式得到的风电基础顶端水平位移最大，方向为沿 x 轴负向，最大值为 -0.011 0 m。当海流荷载以荷载时程的方式施加到基础上时，与海流荷载和风荷载分别以荷载时程施加到基础上的基础顶端水平位移结果相比，其波动

幅度较大（如图中组合四、五、六结果所示），故海流荷载的动力特性比风荷载和波浪荷载对基础的影响要大。

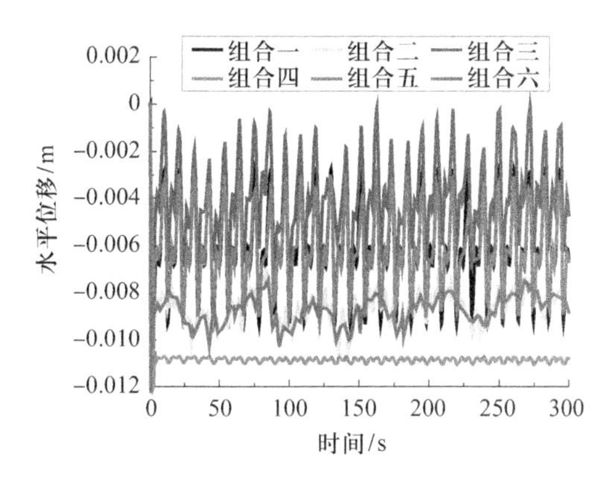

图 5-6　基础顶端水平位移时程曲线（彩图见插页）

在风浪流荷载作用下，图 5-7 为风机桩身和塔筒沿高度方向的水平位移变化曲线，其中高度 z=10 m 处为塔筒和桩身的分界点。由图可以看出，桩身、塔筒的水平位移沿高度方向呈递增趋势，其中桩身在基础顶端处的水平位移约为 −0.01 m；而塔筒的水平位移沿高度方向的增量则明显增加，塔筒顶端处水平位移最大约为沿 x 轴负向的 −0.55 m。这是因为基础周围海床对基础的约束作用限制了基础的位移，且较大的风荷载直接作用在塔筒顶端，使得塔筒顶端产生较大位移，故基础顶端水平位移要远小于塔筒顶端水平位移。

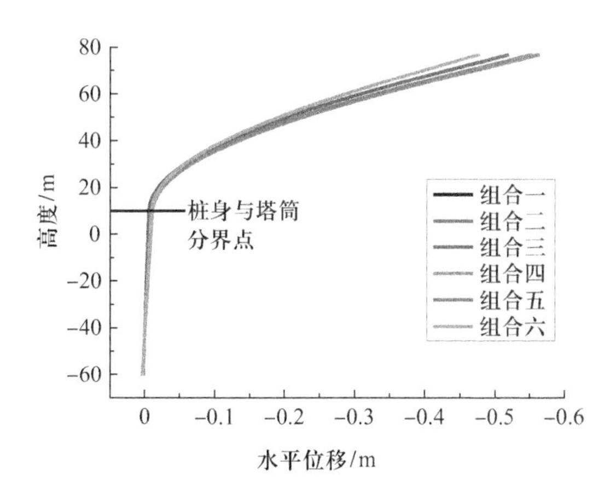

图 5-7　桩身和塔筒沿高度方向的水平位移（彩图见插页）

2. 塔筒底部竖向应力响应分析

图 5-8 所示是在风浪流共同作用下风电基础上部塔筒底端的竖向应力

时程曲线。由计算结果可知，组合四得到的塔底竖向应力最大，最大值为134 MPa。当采用组合一、二、三进行计算时，采用组合一时塔筒底端的竖向应力最大，最大值为133 MPa。其原因是风荷载为塔筒上的主要作用荷载，因此，风荷载对塔筒底端的竖向应力响应影响最大。

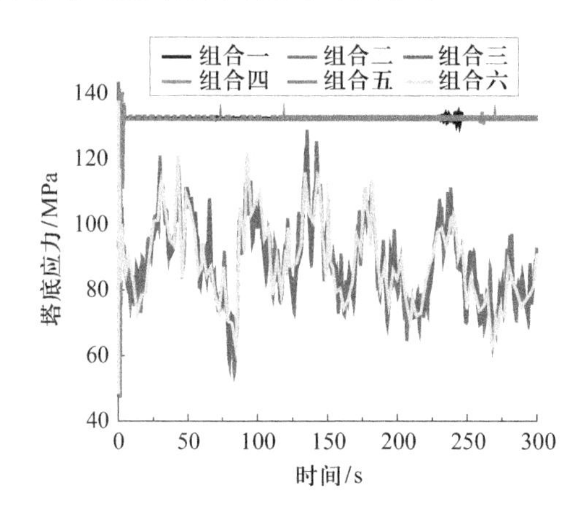

图 5-8　塔筒底端竖向应力时程曲线（彩图见插页）

图 5-9 为六种组合荷载作用下风机塔筒迎风面沿塔筒高度方向的竖向应力变化曲线。由图可知，六种组合下塔筒迎风面竖向应力的变化规律基本一致，塔筒迎风面竖向应力沿塔筒高度方向均呈现递减趋势，塔筒顶端竖向应力最小，其最大值约为 9.13 MPa；塔筒底端与基础相交位置应力最大（z=10 m 处），最大值约为 134 MPa，是塔筒顶端竖向应力的 15 倍；且此处易产生应力集中现象，因此进行设计时应注意塔筒与基础相交位置处的应力变化，加强该位置处材料与结构的强度。

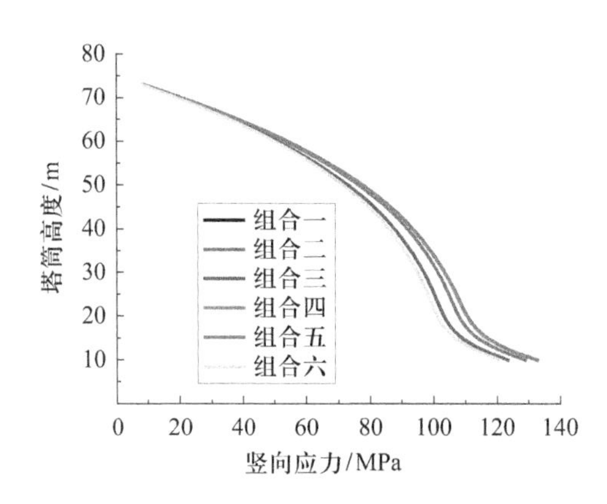

图 5-9　沿高度方向的塔筒竖向应力（彩图见插页）

3. 桩身弯矩和桩身剪力响应分析

图 5-10 为不同荷载组合下风电基础桩身弯矩随高度变化图。由图可知，无论采用何种荷载组合方式，风电基础桩身弯矩都先沿海床深度不断变大，最大弯矩发生在泥面以下，其后随海床深度的增加而减小，靠近桩身底部时桩身弯矩沿反向略有增加，随后减小，最后在桩身底部减小为零。其原因是周围的海床对桩基础具有约束作用，以及波浪荷载对桩基础和海床共同影响。

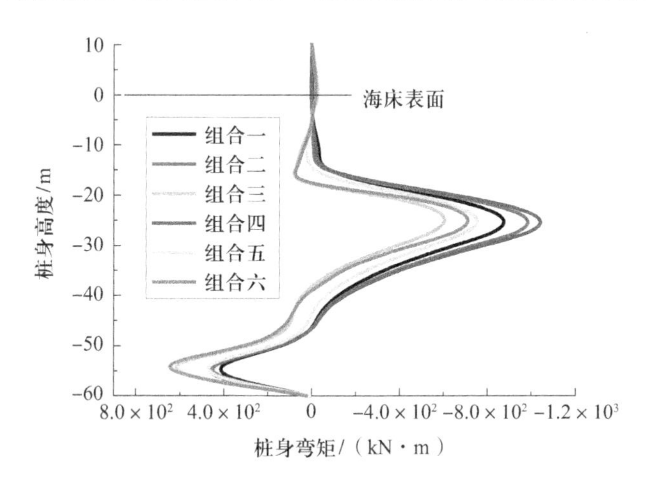

图 5-10 桩身弯矩随高度变化曲线（彩图见插页）

图 5-11 为不同荷载组合下风电基础桩身剪力随高度变化图，可以看到，桩身剪力和桩身弯矩随高度的变化规律基本一致，最大剪力发生在泥面以下。

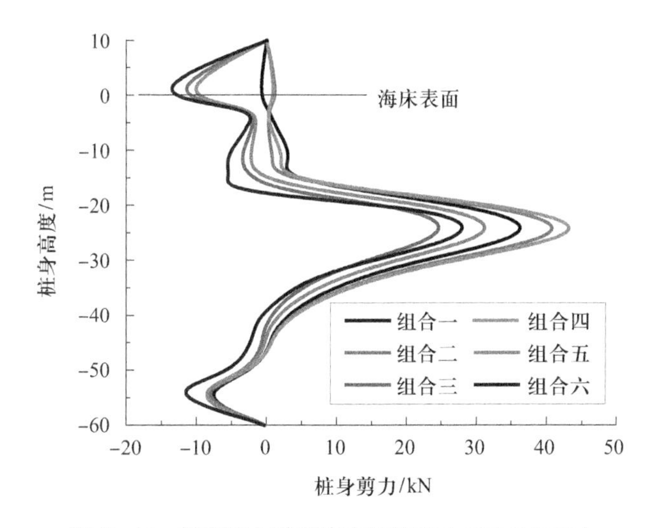

图 5-11 桩身剪力随高度变化曲线（彩图见插页）

综合图 5-10 和图 5-11 所得结果可以发现，当采用最大风荷载和最大海流荷载叠加波浪荷载时程的组合方式施加荷载时（组合四），桩身弯矩和桩身剪力最大。当依次采用单一荷载的最大值与其他荷载的荷载时程组合（组合一、二、三）进行计算时发现，采用组合二时桩身弯矩和桩身剪力最大，组合一次之，组合三最小，也即当海流荷载取最大值时桩身弯矩和桩身剪力最大，风荷载取最大值时结果次之，波浪荷载取最大值时结果最小。由此可知，海流荷载对风电基础桩身弯矩和桩身剪力影响最大，风荷载次之，波浪荷载最小。

4. 海床中超孔隙水压力响应分析

图 5-12 给出了不同荷载组合方式下，海上风电基础周围海床的超孔隙水压力沿着海床深度的变化曲线，其中 p 表示为海床中的超孔隙水压力，p_0 表示的是线性波浪压力幅值，z 代表海床深度，h 为桩基础伸入海床的最大深度，计算模型中 h 取 60 m。

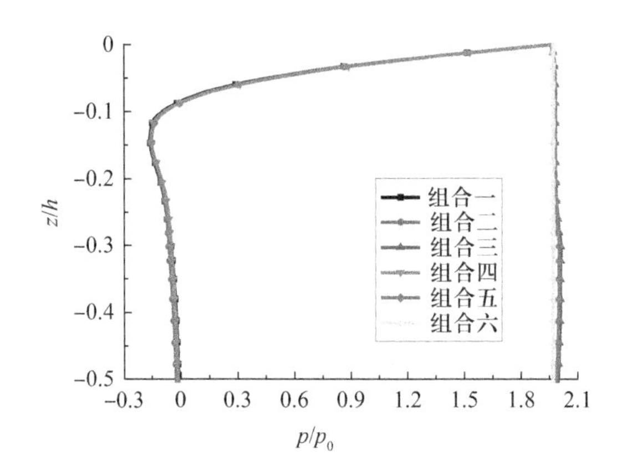

图 5-12　超孔隙水压力沿海床深度变化图

由图 5-12 可知，当作用在海床表面的波浪荷载取最大值进行荷载组合（如组合三、五、六）时，基础周围超孔隙水压力在波浪荷载幅值附近小范围波动，其值随海床深度基本不变；当作用在海床表面的波浪荷载为荷载时程进行荷载组合（如组合一、二、四）时，基础周围超孔隙水压力随海床深度加大呈递减趋势，当 $z/h>-0.1$ 时，海床中的超孔隙水压力由最大值迅速减小至零值附近，当 $z/h<-0.1$ 时，超孔隙水压力基本是零。当 $z/h<-0.1$（海床深度大于 6 m）时，海床表面的波浪荷载对超孔隙水压力的影响已变得微乎其微，其原因是波浪荷载对海床中超孔隙水压力的影响主要发生在海床表层，从而

导致此区域内的超孔隙水压力呈现显著变化。但当海床深度超过某一数值时，海床表面上的波浪荷载对超孔隙水压力的影响减小，使得超孔隙水压力值基本保持零。对比不同荷载组合方式下海上风电基础周围海床的超孔隙水压力沿海床深度变化结果可以看出，作用在塔筒及桩基础上的风荷载和海流荷载对海床的超孔隙水压力影响相对于直接作用在海床表面上的波浪荷载对海床超孔隙水压力的影响要小很多。

5. 不同荷载参数对海床超孔隙水压力响应的影响

采用组合四，即最大风荷载叠加最大海流荷载和波浪荷载时程的组合方式进行计算，并对不同波高及不同周期下的海床中的超孔隙水压力变化进行比较，结果如图 5-13 所示。由图可以看到，当水深和周期不变时，超孔隙水压力幅值随着波高的增大而增大，当波高变为原始波高的 2.68 倍时，超孔隙水压力幅值变为原来的 3.89 倍；当波高变为原来的 4 倍时，超孔隙水压力幅值变为原来的 7.27 倍，可见波高对基础周围超孔隙水压力影响很大；同时，随着波高的增大，超孔隙水压力幅值沿深度向下衰减变快。风机基础周围孔隙水压力随高度变化曲线如图 5-14 所示。由图可知，风电基础周围超孔隙水压力幅值随着波浪周期的增大而增大，并且观察超孔隙水压力衰减趋势，可以看到，当周期增大时，超孔隙水压力幅值沿深度向下衰减变快。

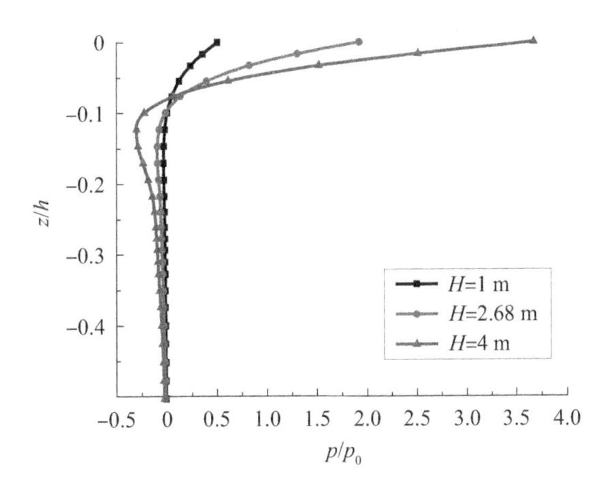

图 5-13　不同波高下的超孔隙水压力变化

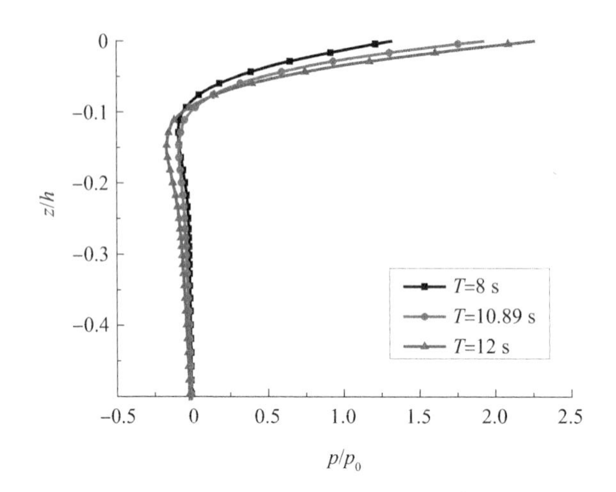

图 5-14　不同波浪周期下的孔隙水压力变化

5.2.7　小结

本节基于谐波叠加法模拟得到近海风电场的风荷载时程，利用莫里森方程结合非线性波浪理论推导出海流荷载的计算公式，通过斯托克斯二阶波浪理论来计算波浪荷载，并根据 Turkstra 准则将风浪流荷载进行组合，建立了风浪流荷载共同作用下海上风电基础与海床动力相互作用的三维有限元计算模型。在此基础上对不同荷载组合条件下风机系统的塔筒水平位移、竖向应力以及基础的水平位移等进行了动力分析，同时对风浪流荷载共同作用下桩基础周围海床的超孔隙水压力响应进行了计算，考察了不同的荷载参数对海床超孔隙水压力的影响。主要的结论如下。

①当采用风荷载和海流荷载取得最大值的荷载组合方式时，风机塔筒的水平位移、应力，基础的水平位移、桩身弯矩以及桩身剪力等响应结果相较于其他组合方式要大。因此，可以将这种组合方式视为最不利的情况。

②风荷载对风机塔筒顶端的水平位移和塔底处的应力具有显著影响；而海流荷载对风机基础顶端的水平位移、桩身的弯矩和剪力产生较大影响。此外，波浪荷载对海床孔隙水压力的影响较大。

③在不改变水深和周期的情况下，当波高增大时，海上风电基础周围的超孔隙水压力幅值会增大，并且在深度方向上的衰减速率会加快。同样，在保持水深和波高恒定的条件下，海上风电基础周围的超孔隙水压力

幅值会随着波浪周期的增大而增大，而且在深度方向上的衰减速率也会加快。

5.3 海上风电基础的承载性能分析

5.3.1 桩基极限承载力的确定

桩基础的地基极限承载力通常是通过计算得到的荷载 - 位移曲线来确定的。这种曲线可分为两种典型情况，即陡变型曲线和缓变型曲线。在陡变型曲线中，存在明显的第二拐点，可以将该拐点对应的荷载视为地基的极限承载力。而在缓变型曲线中，由于没有明显的第二拐点，需要使用多种分析方法来确定其极限承载力。规范中明确规定了两类方法，即承载能力极限状态和正常使用极限状态。因此，对于桩基础来说，其极限承载力的确定方法也分为两类。对于海上工程而言，通常风机结构的变形要求较为严格，因此桩基极限承载力常按照正常使用极限状态确定。

5.3.2 模型加载方式

为了获取海上风电基础在各个荷载空间内的包络线轨迹，本节采用荷载 - 位移的搜寻方法首先获取包络线上的数个点，之后将这些点连成曲线从而得到复合加载模式下的破坏包络线。具体方法如下。

①在极限承载力范围之内直接在桩顶施加一定比例的某一方向的荷载。

②让这一个方向的荷载值保持不变，在荷载组合的另一方向施加达到破坏标准时所需要的相应位移。

通过以上方法得到海上风电基础在 V–H、V–M、H–M 以及 V–H–M 四种荷载空间内的破坏包络线。

5.3.3 有限元模型建立及验证

以江苏盐城响水风电场工程项目为参考，采用大型商业有限元软件 COMSOL Multiphysics 建立复合加载模式下海上风电基础承载性能的计算模型，其中风机参数和土层参数参照上一节内容。经实测，该风电场正常运作时，该地区海上 10 m 高度处的风速约为 13.4 m/s，所处海区水深为 5 m，波高为

2.68 m，波长为 74.1 m，海流流速为 0.88 m/s。所采用的单桩基础为混凝土桩，桩径 D=4.3 m，桩长 L=70 m，入土深度 L_d=60 m；桩身采用线弹性本构模型，其中密度 ρ=2400 kg/m^3，杨氏模量 E=25 GPa，泊松比 ν=0.20。为减少边界效应，海床高度取为 140 m，宽度为 140 m。海床土体采用摩尔－库仑模型，密度 ρ=2130 kg/m^3，黏聚力 c=10 kPa，内摩擦角 φ=10°，杨氏模量 E=80 MPa，泊松比 ν=0.33，不排水抗剪强度 s_u=20 kPa。在计算模型中，为了考虑桩基础与周围海床的相互作用，采用了指定位移的约束方式将单桩基础与海床进行绑定。这样可以使海床的位移和变形与桩基础保持一致。图 5-15 展示了海上风电基础模型荷载示意图，其中明确了水平荷载 H、竖向荷载 V 和弯矩荷载 M 的作用位置和作用方向，以及海床土体和基础的位置和材料。海上风电基础与海床之间的有限元模型可以参考图 5-16。

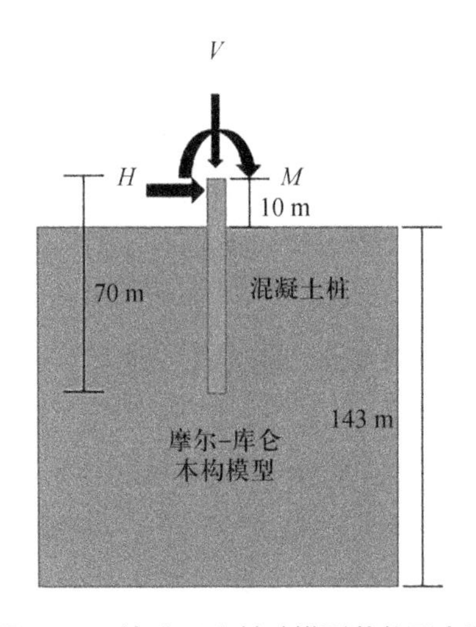

图 5-15　海上风电基础模型荷载示意图

本节将王俊岭[11]海上风机桩基破坏模式的数值模拟结果与本节模拟结果进行对比，来验证模型的合理性。其中，土体参数和桩体参数分别如表 5-3 和表 5-4 所示，同时对海上风电基础在 V–H、V–M、H–M 荷载空间内的承载性能进行了对比分析，结果分别如图 5-17 至图 5-19 所示。可以发现，在 V–H 荷载空间内，模拟结果与文献结果相差不大，地基承载力包络线拟合较好。在 V–M 与 H–M 荷载空间内，因荷载加载方式的不同使得模拟结果偏小于文献结果，故采用本节所使用的方法使得结果偏于安全。

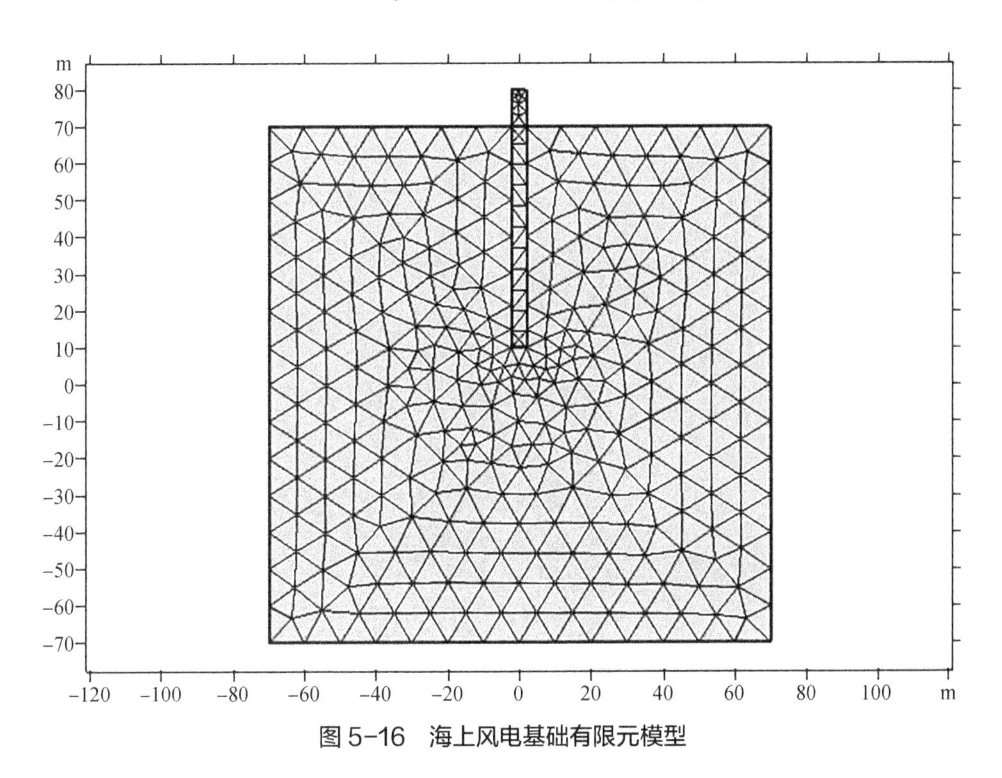

图 5-16　海上风电基础有限元模型

表 5-3　模型土体参数

土层	土层厚度 /m	弹性模量 E/MPa	浮容重 γ'/kPa	黏聚力 c/kPa	内摩擦角 φ/（°）
淤泥	11.6	1.6	5.5	5~8	1~2
中细砂	1.9	4.0	8.5	0	20~22
砂土状强风化花岗岩	2.2	10.0	21.5	13~16	26~28
碎石状强风化花岗岩	84.3	20.0	22.0	0	32

表 5-4　模型桩体参数

弹性模量 E/MPa	泊松比 v	密度 ρ/（kg/m^3）
2.1×10^5	0.3	7850

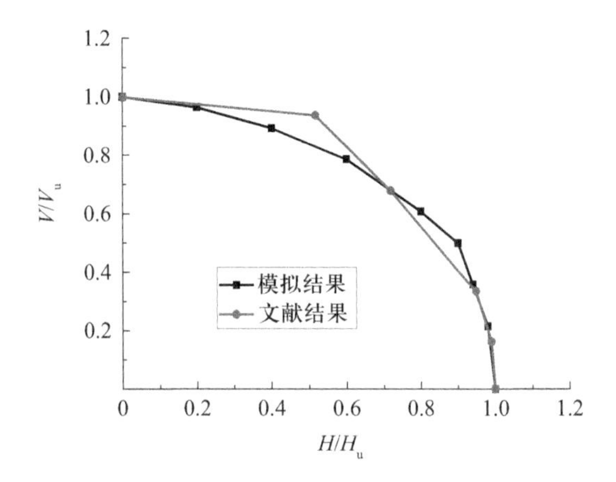

图 5-17　V-H 荷载空间内地基承载力包络线

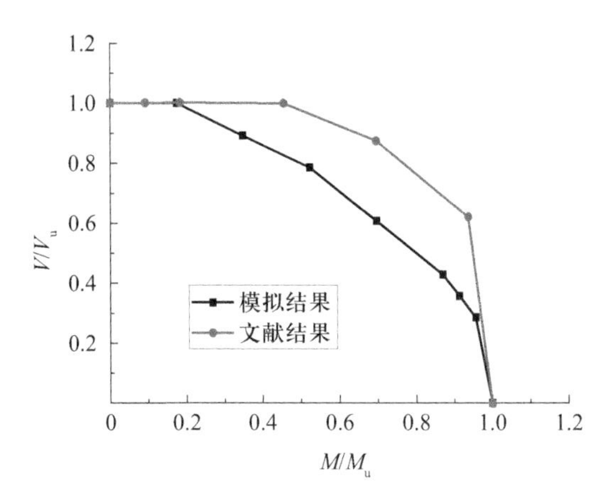

图 5-18　V-M 荷载空间内地基承载力包络线

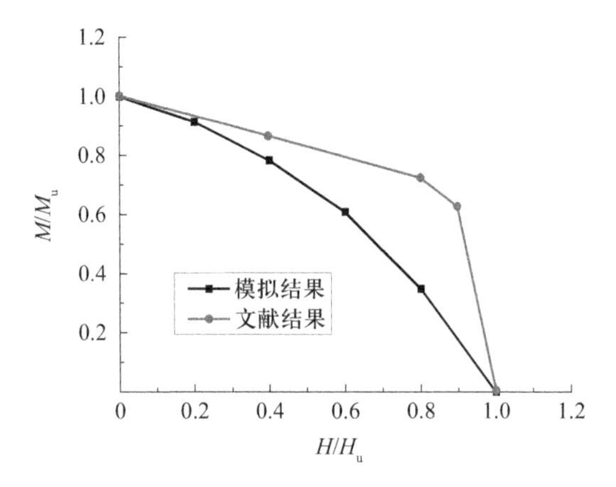

图 5-19　H-M 荷载空间内地基承载力包络线

5.3.4 单一荷载作用下海上风电基础的承载性能

1. 水平荷载作用下海上风电基础承载特性

对海上风电基础顶端施加水平荷载，得到水平荷载与水平位移曲线变化图，如图 5-20 所示。海上风电基础的水平荷载 - 位移曲线前期基本呈现线性关系，当水平位移达到 0.025 m 时出现拐点，之后随着位移增大荷载增量变小。当水平位移达到 0.15 m 时，水平荷载达到极值。图 5-21 呈现了在极限水平荷载作用下，海上风电基础周围土体的等效塑性应变情况。随着水平荷载的施加，土体两侧开始出现塑性变形。此外，随着水平荷载不断增加，塑性区逐渐从表面向内扩展，并最终在桩体两侧形成椭圆形贯通区，导致桩基础破坏。图 5-22 为桩基础水平极限承载力量纲一的值 $H_{ult}/(As_u)$ 与径长比 D/L 的关系曲线图。由拟合结果可以看出，随着桩基础径长比的增大，桩基础水平极限承载力逐渐增大；当 $0.04 \leqslant D/L \leqslant 0.10$ 时，桩基础水平极限承载力拟合公式可近似地表示为：

$$\frac{H_{ult}}{As_u}=2.7+64.6\left(\frac{D}{L}\right)-903.8\left(\frac{D}{L}\right)^2+4303.8\left(\frac{D}{L}\right)^3 \tag{5-20}$$

式中：H_{ult} 为横向极限承载力；A 为桩基础面积；D 为桩基础直径；L 为桩长。

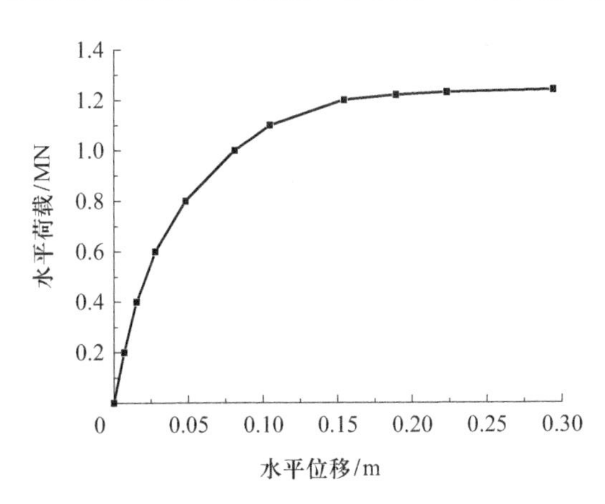

图 5-20 海上风电基础水平荷载 - 位移关系曲线

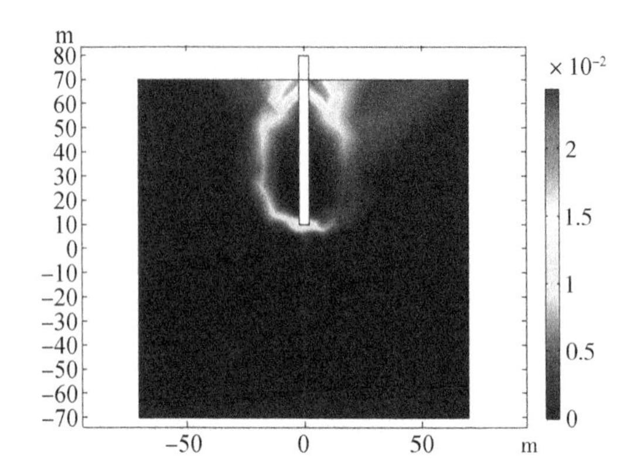

图 5-21 极限水平荷载作用下桩基础周围土体的等效塑性应变（彩图见插页）

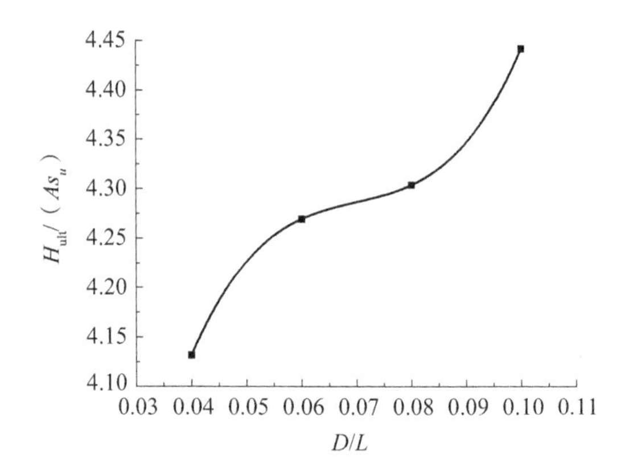

图 5-22 海上风电基础水平极限承载力与基础径长比的关系

2. 竖向荷载作用下海上风电基础承载特性

对风电桩基础顶端逐渐施加竖向荷载，从而可以得到风电桩基础竖向荷载 - 位移变化关系曲线，如图 5-23 所示。由图可以看出，海上风电基础竖向荷载 - 位移关系曲线为缓变型曲线，依据缪林昌 [12] 关于静载荷试验桩基承载力确定方法，取竖向位移 s=0.05D 时的竖向荷载为海上风电基础的极限竖向荷载。根据图 5-24 所示的竖向极限荷载作用下海上风电基础周围土体的等效塑性应变图，可以观察到竖向荷载的作用导致桩基础的下沉，进而引发桩基础与地基接触区的剪切破坏，从而形成一个连贯的塑性破坏区域。由图 5-25 可知，随着径长比的增大，桩基础竖向极限承载力逐渐增大，且当 0.04 ≤ D/L ≤ 0.10 时，桩基础竖向极限承载力拟合公式可近似地表示为：

$$\frac{V_{\mathrm{ult}}}{As_{\mathrm{u}}}=2.9+314.5\left(\frac{D}{L}\right)-4476.0\left(\frac{D}{L}\right)^{2}+22\,953.7\left(\frac{D}{L}\right)^{3} \tag{5-21}$$

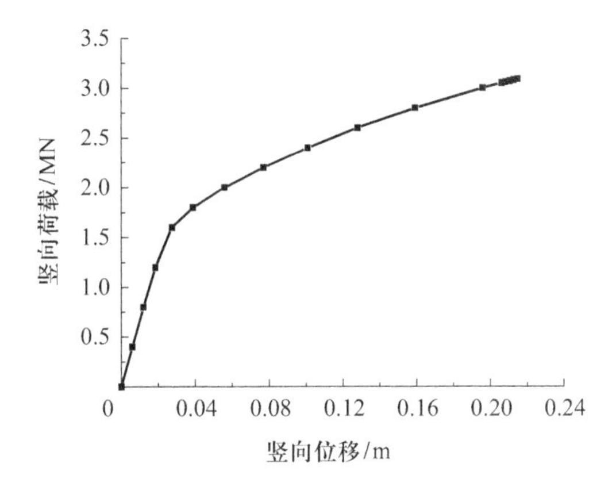

图 5-23 海上风电基础竖向荷载 - 位移关系曲线

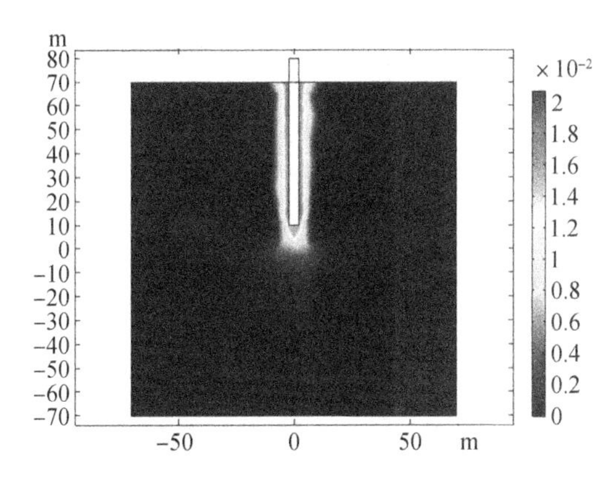

图 5-24 极限竖向荷载作用下桩基础周围土体的等效塑性应变（彩图见插页）

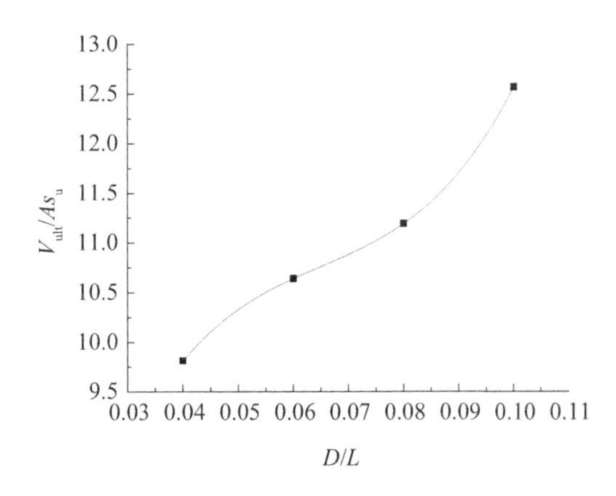

图 5-25 海上风电基础竖向极限承载力与桩基础径长比的关系

3. 弯矩荷载作用下海上风电基础承载特性

对风电桩基础顶部施加弯矩荷载，从而得到海上风电桩基础弯矩 - 转角变化曲线，如图 5-26 所示。由图可知，海上风电基础的弯矩 - 转角关系曲线在前期呈现基本线性关系，直至弯矩荷载达到极限荷载时出现转折点。随后，随着转角的增加，弯矩值的增长幅度变得缓慢，导致弯矩 - 转角关系曲线逐渐趋于平缓。因此，该转折点对应的弯矩值即为极限弯矩荷载。如图 5-27 所示，当施加于风电桩基础上的荷载达到极限弯矩荷载时，观察到海上风电基础周围土体发生等效塑性应变。此时，桩体周围土体发生塑性破坏，并且塑性区向下扩展，在桩体两侧形成椭圆状贯通区。由此可推断，弯矩荷载与水平荷载对基础地基破坏的作用效果相似。图 5-28 为桩基础抗弯极限承载力 $M_{ult}/(ADs_u)$ 与径长比 D/L 的关系曲线图，对其进行拟合得到桩基础抗弯极限承载力拟合公式为：

$$\frac{M_{ult}}{ADs_u}=-94.5+5\,345.5\left(\frac{D}{L}\right)-67\,479.8\left(\frac{D}{L}\right)^2+281\,249.1\left(\frac{D}{L}\right)^3 \quad (5-22)$$

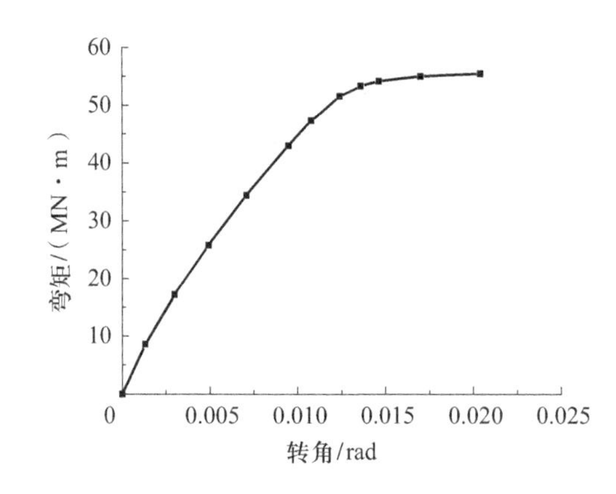

图 5-26　海上风电基础的弯矩 - 转角关系曲线

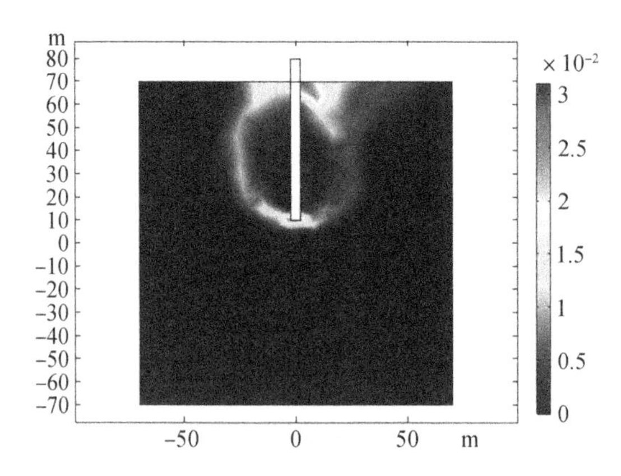

图 5-27　极限弯矩荷载作用下桩基础周围土体的等效塑性应变（彩图见插页）

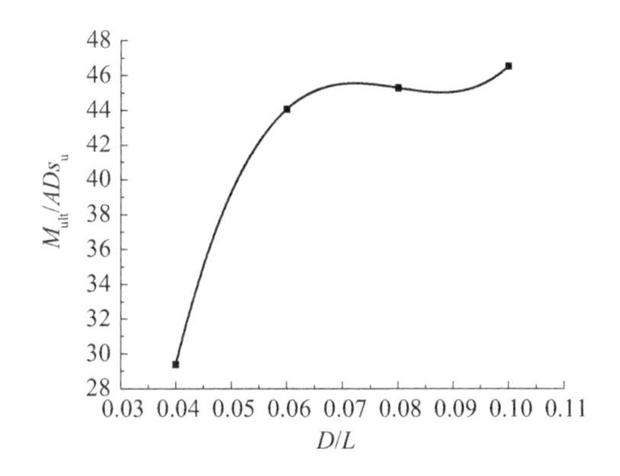

图 5-28 海上风电基础抗弯极限承载力与桩基础径长比的关系

5.3.5 不同荷载空间下海上风电基础的承载性能

1. V–H 荷载空间地基破坏模式

不同径长比地基承载力包络线与其归一化后得到的地基承载力包络线，结果分别如图 5-29、图 5-30 所示。根据图 5-29 可知，在海上风电基础受到水平荷载和竖向荷载共同作用时，承载能力随着径长比增加而增大。也就是说，在桩基础长度不变的情况下，增加基础直径可提高基础的承载能力，这种情况与单调加载时的表现基本一致。根据本文计算所取的响水风电场的数据资料，当风电场运作处于正常工况时，竖向荷载为风机的重力荷载，其值为 2.06 MN 且不变，而作用于其上的水平荷载则在 100~350 kN 范围内变化，最大值为 350 kN。因此，当该工程项目的风机系统正常工作时，作用在海上风电基础上的水平荷载和竖向荷载值均落在地基承载力包络线内部，风电基础和海床地基均处于稳定状态。

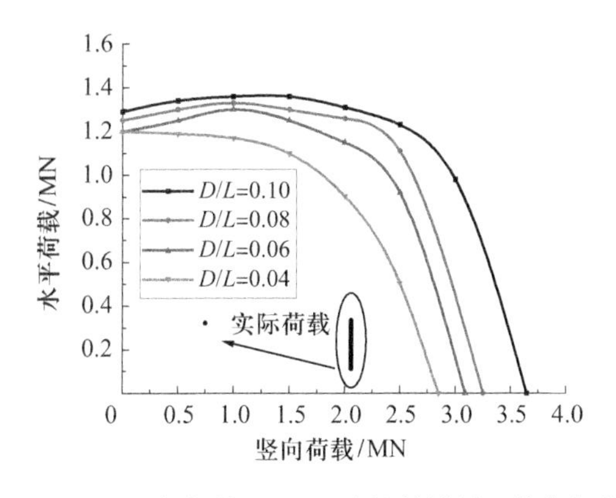

图 5-29 不同径长比下 V–H 空间的地基承载力包络线

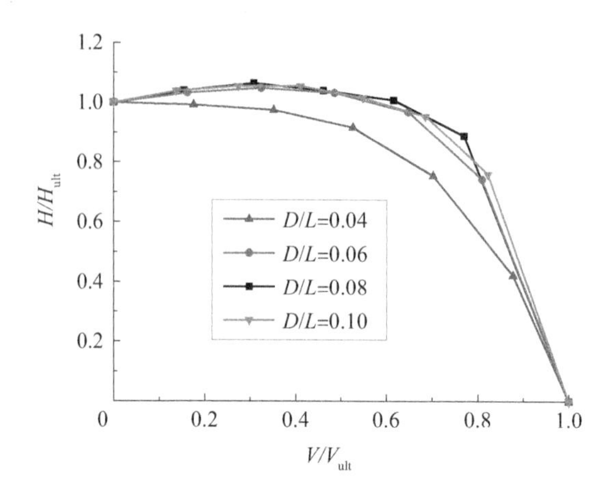

图 5-30　不同径长比下 V–H 空间内归一化地基承载力包络线

图 5-30 对基础的水平和竖向承载力进行了归一化处理，使得海上风电单桩基础在 V–H 荷载空间内包络线的结果更具普遍意义。由图可以看出，不同径长比下归一化后的地基承载力包络线变化趋势基本相同，且归一化后的包络线结果相差不大，对其进行拟合得到不同径长比下 V–H 空间包络线的拟合公式为：

$$\left(\frac{V-0.3V_{ult}}{V_{ult}}\right)^2+\left(\frac{H}{1.08H_{ult}}\right)^2=1 \tag{5-23}$$

根据 V–H 荷载空间内的承载力包络线及其拟合公式可以发现，在不同的桩径比情况下，随着竖向荷载的增加，桩基础水平承载力呈现先增加后减小的趋势；当施加在桩基础上的竖向荷载等于竖向极限承载力的 0.3 倍时，基础水平承载力达到最大值，为 1.08 倍的水平极限承载力值。这反映了竖向荷载对基础水平承载力的提高作用，同时表明当竖向荷载达到 0.3 倍的竖向极限荷载时，桩基础的水平承载力达到最大值。

图 5-31（a）~（d）为不同大小的竖向荷载作用时地基的等效塑性应变图。根据 V–H 荷载空间内的承载力包络线及其拟合公式，发现在不同的桩径比条件下，随着竖向荷载的增加，桩基础的水平承载力呈现先增加后减小的趋势。当施加在桩基础上的竖向荷载达到竖向极限承载力的 0.3 倍时，基础水平承载力达到最大值，为水平极限承载力值的 1.08 倍。其结果揭示了竖向荷载对基础水平承载力的促进效应，并且指出当竖向荷载达到竖向极限荷载的 0.3 倍时，桩基础的水平承载力达到最大。

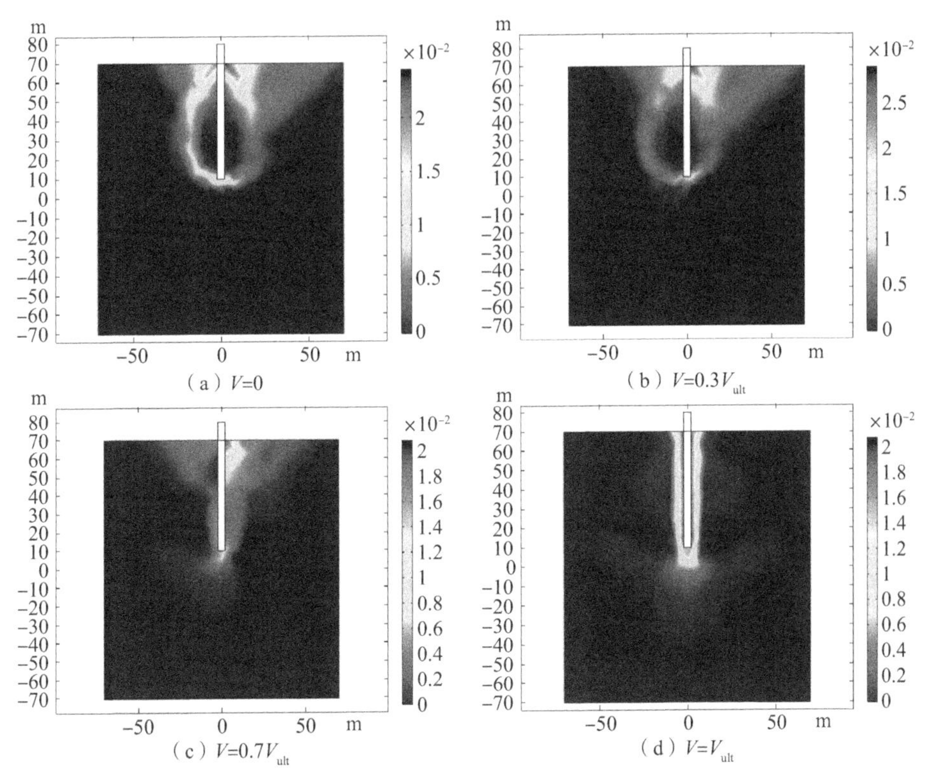

图 5-31　不同竖向荷载作用下 V–H 空间内地基的等效塑性应变（彩图见插页）

2. V–M 荷载空间地基破坏模式

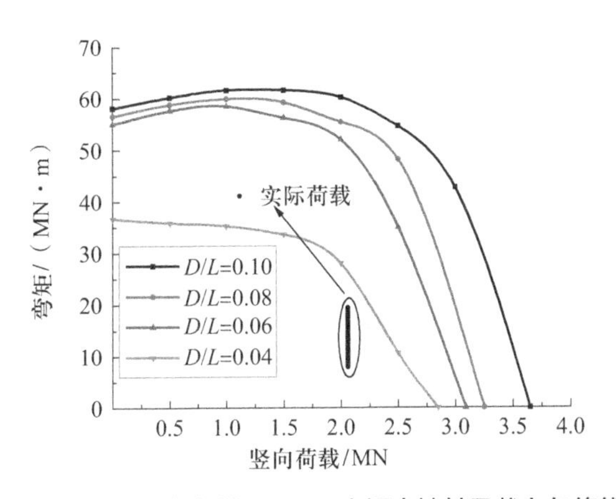

图 5-32　不同径长比下 V–M 空间内地基承载力包络线

图 5-32 给出了海上风电桩基础在 V–M 荷载空间内，不同径长比下的地基承载力包络线。由图可知，随着径长比的增加，海上风电基础在竖向和弯矩荷载共同作用下的包络线也相应增大。换言之，海上风电桩基础在 V–M 荷载空间内的承载力随着径长比的增大而呈现增大趋势。同时，当响水风电场的风机系统在正常工况下运行时，施加在风电基础上的竖向荷载为恒定的 2.06 MN，而作用于其上的弯矩荷载则在 7~20 MN·m 范

围内变化，最大值为 19.45 MN · m。值得注意的是，这些荷载值均落在地基承载力包络线内部，从而表明该风机系统在正常工况下地基和基础均呈稳定状态。

图 5-33 为海上风电基础在不同径长比下的 V–M 荷载空间内归一化后的地基承载力包络线结果，由图可以看出，不同径长比下归一化后的地基承载力包络线变化趋势基本相同，对其进行拟合得到其在不同径长比下 V–M 荷载空间内地基承载力包络线拟合公式：

$$\left(\frac{V-0.3V_{\mathrm{ult}}}{V_{\mathrm{ult}}}\right)^2+\left(\frac{M}{1.08M_{\mathrm{ult}}}\right)^2=1 \tag{5-24}$$

综合图 5-33 以及式（5-24）可知，当竖向荷载为海上风电基础竖向极限承载力的 0.3 倍时，基础的抗弯承载力达到最大，最大值为 $1.08M_{\mathrm{ult}}$，由此可见，在一定范围内竖向荷载的存在能够提高地基的抗弯承载力。

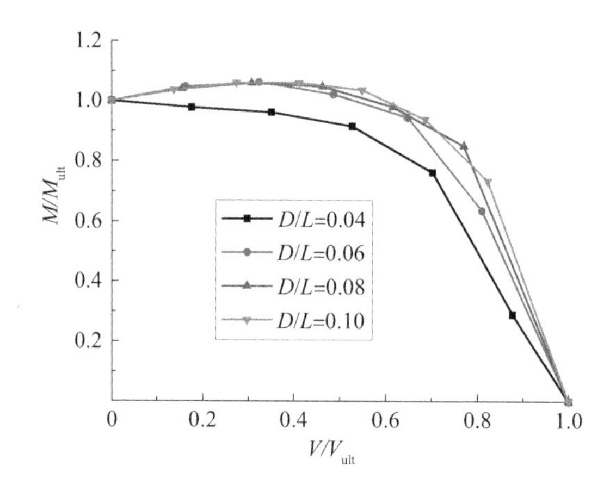

图 5-33　不同径长比下 V–M 空间内归一化地基承载力包络线

图 5-34（a）~（d）为不同竖向荷载作用下地基的等效塑性应变图。根据图示分析可得，当竖向荷载较小时，海上风电基础主要受到弯矩荷载的作用。因此，基础的破坏模式由弯矩控制，表现为桩体周围形成椭圆状贯通区域，如图 5-34（a）所示。然而，随着竖向荷载的增加，弯矩控制下的破坏特征（椭圆状贯通区）逐渐消失，并且竖向荷载对土体的影响逐渐加强，如图 5-34（b）和（c）所示。最终，地基的塑性变形区主要位于桩体两侧，基础的破坏模式由弯矩荷载控制转变为竖向荷载控制，如图 5-34（d）所示。

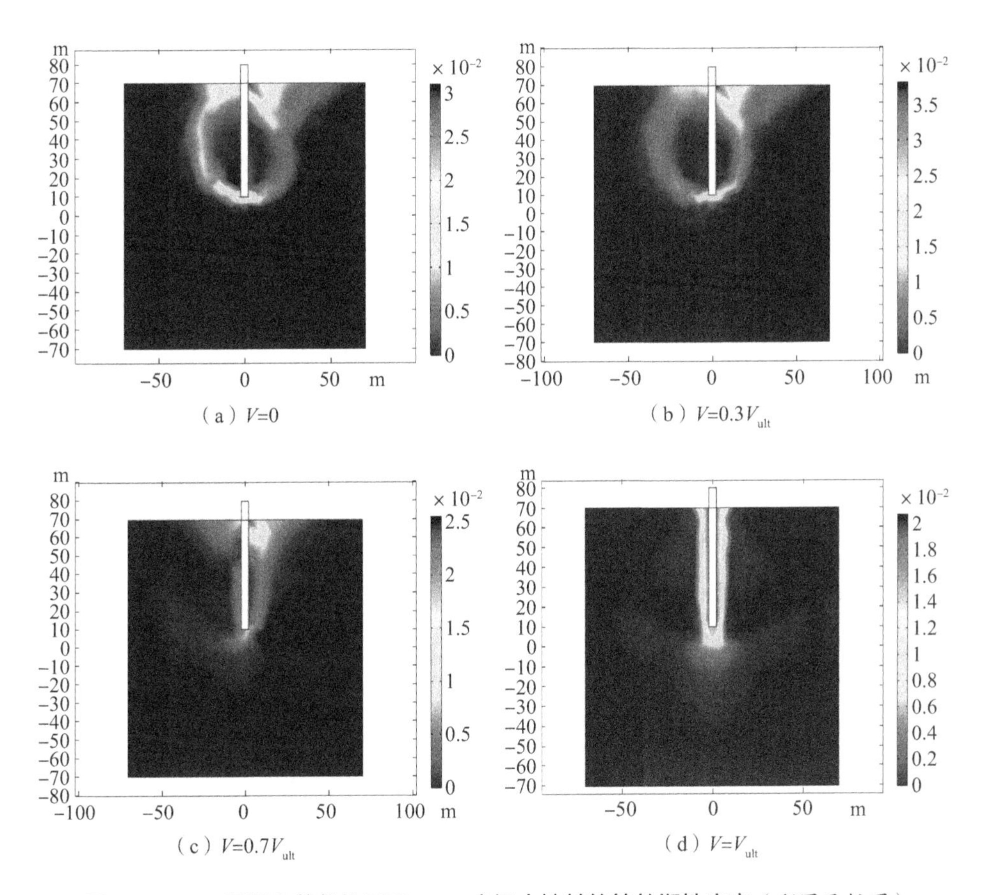

（a）V=0 （b）V=0.3V_{ult}

（c）V=0.7V_{ult} （d）V=V_{ult}

图 5-34 不同竖向荷载作用下 V–M 空间内地基的等效塑性应变（彩图见插页）

3. H–M 荷载空间地基破坏模式

图 5-35 为不同基础径长比下海上风电桩基础在 H–M 荷载空间内的地基承载力包络线。由图可知，随着径长比的增大，海上风电基础在水平荷载和弯矩荷载的共同作用下的包络线增大。因此，海上风电桩基础在 H–M 荷载空间内的承载能力也随着径长比的增大而增加。从图中可以观察到，水平荷载作用在风电基础上的范围为 100~350 kN，而弯矩荷载的范围为 7~20 MN · m。同时，这两种荷载的组合值均位于地基承载能力包络线的内部。因此，可以得出结论，该风电场的地基和基础处于稳定状态。

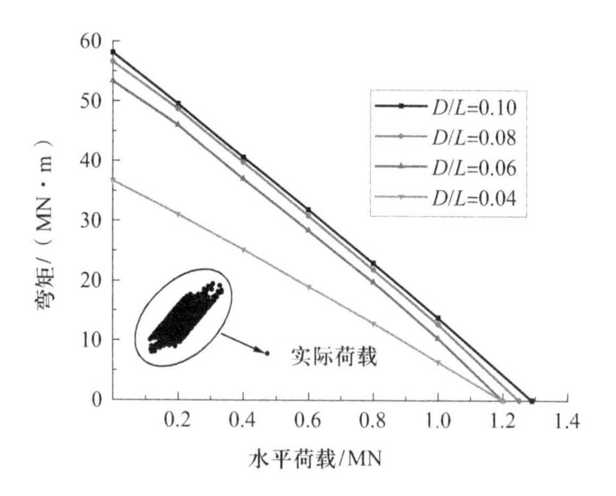

图 5-35　不同径长比下 $H-M$ 空间内地基承载力包络线

图 5-36 为海上风电基础在 $H-M$ 荷载空间内归一化的地基承载力包络线结果图，同样可以看到，不同径长比下归一化后的地基承载力包络线变化趋势相同，且不同径长比下的包络线均呈线性变化，即桩基的抗弯承载力随着基础水平承载力的增大而减小。这与文献 [13] 海上风电复合筒型基础在 $H-M$ 荷载空间内的结论是一致的。将归一化后的 $H-M$ 空间的基础承载力包络线进行数据拟合，得到拟合公式为：

$$\frac{H}{H_{\mathrm{ult}}}+\frac{M}{M_{\mathrm{ult}}}=1 \tag{5-25}$$

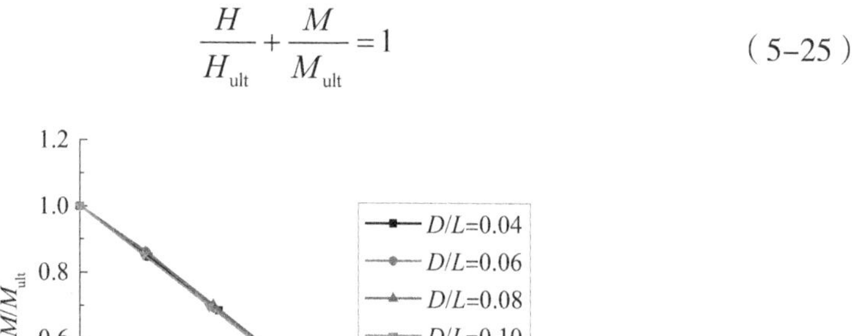

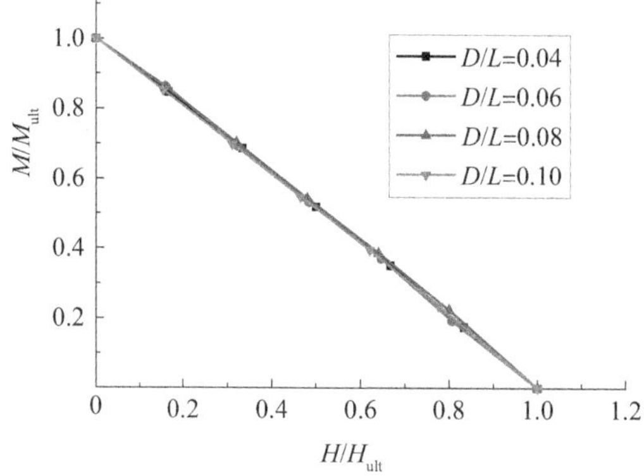

图 5-36　不同径长比下 $H-M$ 空间内归一化地基承载力包络线

不同水平荷载作用下地基的等效塑性应变如图 5-37 所示。根据图示结果，不同水平荷载作用下的地基等效塑性应变表现出基本相似的特征，即桩体周围的塑性区向下扩展形成椭圆状贯通区。因此可以得出结论：水平荷载和弯矩荷载对海上风电基础的影响具有相似性。

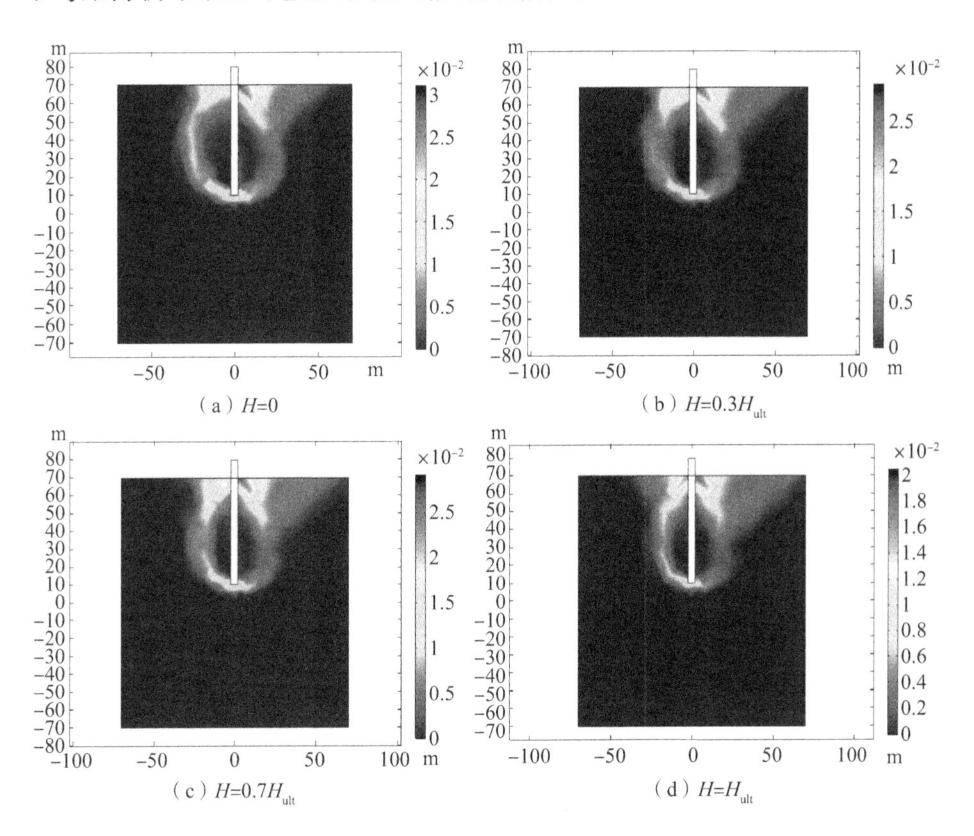

图 5-37　不同水平荷载作用下地基等效塑性应变（彩图见插页）

4. V–H–M 荷载空间地基破坏模式

图 5-38(a)~(d) 分别给出了不同径长比时的海上风电桩基础在 V–H–M 荷载空间内的地基承载力包络线。由图中结果可知，不同弯矩荷载下，海上风电基础在 V–H 荷载空间内的地基破坏包络线形状相似。随着弯矩荷载的增大，V–H 荷载空间内的地基破坏包络线逐渐缩小。在弯矩为零时，V–H 荷载空间内的地基破坏包络线的面积最大。因此，不同径长比条件下的海上风电基础地基破坏包络线即为 V–H 二维荷载空间内的土体破坏包络线。

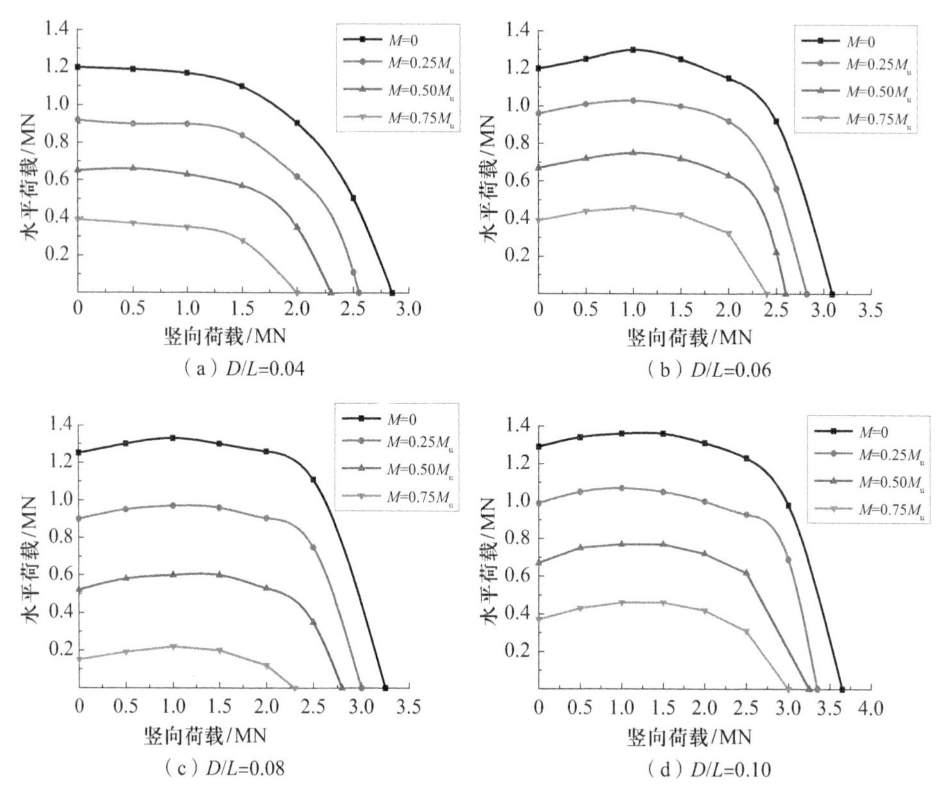

（a）D/L=0.04　（b）D/L=0.06

（c）D/L=0.08　（d）D/L=0.10

图 5-38　不同径长比下 V–H–M 三维空间内地基承载力包络线

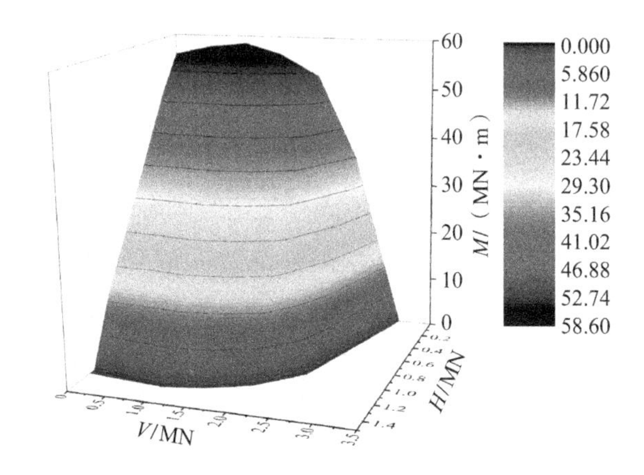

图 5-39　V–H–M 三维空间内地基承载力包络面（D/L=0.06）（彩图见插页）

图 5-39 给出了当 D/L=0.06 时的海上风电基础在 V–H–M 荷载空间内的三维地基承载力包络面。由图可知，随着弯矩荷载的增加，海上风电基础在 V–H–M 荷载空间内的破坏包络面逐渐缩小并最终收缩成一个点，形成封闭

空间。从 $V-H-M$ 三维荷载空间内的地基承载力包络面示意图可以推断，当实际荷载作用于海上风电基础上且位于包络面的内部时，基础处于稳定状态。当实际荷载位于包络面上时，表示海床地基正处于承载能力的极限状态。而当实际荷载位于包络面之外时，海床地基已经发生破坏，导致基础处于失稳状态。因此，通过这种方法可以简单地评估处于复杂荷载条件下海上风电基础的承载性能和海床地基的稳定性。

5.3.6 小结

本节针对处于复杂荷载作用下的海上风电基础建立海上风电基础弹塑性有限元模型，探讨了海上风电基础承受水平、竖向、弯矩荷载作用时的单一荷载承载性能，并且根据荷载－位移联合搜寻法研究了海上风电基础在 $V-H$、$V-M$、$H-M$ 以及 $V-H-M$ 四种荷载空间内的承载力包络线及海床地基的破坏模式，同时对不同荷载空间内的承载力包络线进行了参数分析，为海上风电桩基础设计提供了重要的参考依据。主要结论如下。

①通过对海上风电基础在单一荷载下承载性能的研究，得出了水平荷载、竖向荷载和弯矩荷载的极限承载能力以及地基破坏模式。同时，通过分析不同径长比条件下桩基础的承载特性，发现基础的水平极限承载力、竖向极限承载力和抗弯极限承载力均随着径长比的增大而增加。

②采用荷载－位移联合搜寻法对海上风电基础进行加载，得到了其在 $V-H$、$V-M$、$H-M$ 二维荷载空间内的地基承载力包络线以及 $V-H-M$ 三维荷载空间内的地基承载力包络面，并获得了其对应的拟合公式。经过分析发现，在 $V-H$、$V-M$ 荷载空间内，地基承载力包络线呈现近似椭圆形状，其中椭圆的中心不在坐标原点；而在 $H-M$ 荷载空间内，地基承载力包络线则是一条直线。

③通过对海上风电基础在 $V-H$、$V-M$ 荷载空间内地基承载力包络线的分析发现，当施加适量竖向荷载时，基础的水平承载能力和抗弯承载能力得到了提高。而在 $H-M$ 荷载空间内，水平荷载和弯矩荷载的大小成负相关关系，二者的共同作用明显降低了地基的单向承载能力。

④通过在 $V-H-M$ 三维荷载空间内对海上风电基础地基承载力包络面的分析发现，随着弯矩荷载的增大，该包络面逐渐收缩并最终收敛为一个点，形成一个封闭的空间。基于此观察，可以根据实际施加在海上风电基础上的

组合荷载的大小以及三维地基承载力包络面的位置，来评估海上风电基础的承载性能以及海床地基的稳定性。

参考文献

[1] ZHANG J F, ZHANG Q H, HAN T, et al. Numerical simulation of seabed response and liquefaction due to non-linear waves [J]. China Ocean Engineering, 2005, 19 (3): 497-507.

[2] AABHINAV K, NILANJAN, SAHA. Coupled hydrodynamic and geotechnical analysis of jacket offshore wind turbine [J]. Soil Dynamics and Earthquake Engineering, 2015, 73: 66-79.

[3] ZHANG X L, ZHANG G L, DU X L, et al. Liquefaction analysis on a seabed under combined wave and current loadings [J]. Proceedings of the Institution of Civil Engineers-Maritime Engineering, 2018a, 170 (3+4): 133-143.

[4] 刘建秀．风浪流共同作用下海上风电基础动力响应与承载性能分析 [D]. 北京：北京工业大学，2019.

[5] ZHANG X L, ZHANG G L, XU C S. Stability analysis on a porous seabed under wave and current loadings [J]. Marine Georesources & Geotechnology, 2017, 35 (5): 710-718.

[6] ZHANG X L, LIU J X, HAN Y, et al. A framework for evaluating the bearing capacity of offshore wind power foundation under complex loadings [J]. Applied Ocean Research, 2018b, 80: 66-78.

[7] 张小玲，刘建秀，杜修力，等．风浪流共同作用下海上风电基础与海床的动力响应分析 [J]. 防灾减灾工程学报，2018，38 (4)：658-668.

[8] BIOT M A. Theory of propagation of elastic waves in a fluid-saturated porous solid. I. Low-frequency range [J]. Journal of the Acoustical Society of America, 2005, 28 (2): 179-191.

[9] 王明超．单桩式海上风力机耦合模型建模方法研究 [D]. 上海：上海交通大学，2014.

[10] 金伟良．工程荷载组合理论与应用 [M]. 北京：机械工业出版社，2006.

[11] 王俊岭．海上风机桩基础破坏模式的有限元分析研究 [D]. 天津：天津大学，2012.

[12] 缪林昌，周贻鑫，李植淮，等．中美欧规范桩基承载力计算设计对比 [J]. 中外公路，2016 (01)：77-81.

[13] DING H, LIU Y, ZHANG P, et al. Model tests on the bearing capacity of wide-shallow composite bucket foundations for offshore wind turbines in clay [J]. Ocean Engineering, 2015, 103: 114-122.

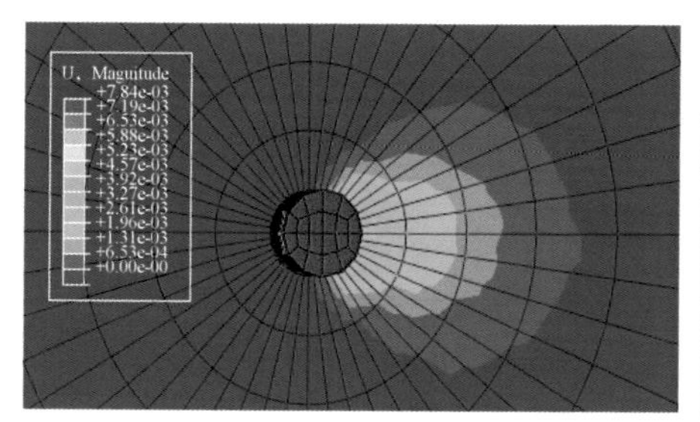

（a）土体表面位移云图

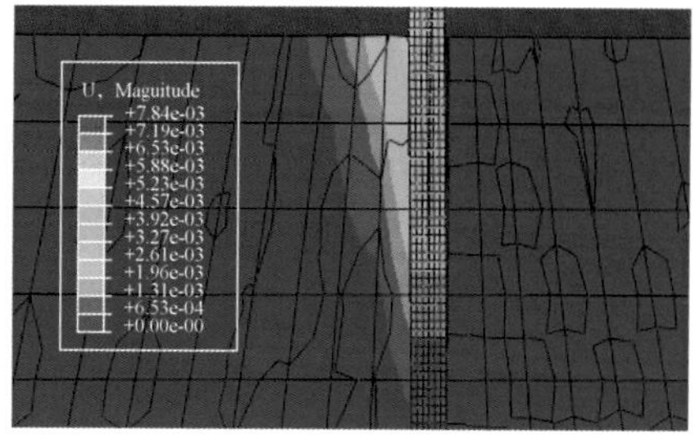

（b）土体剖面位移云图

图 2-19　土体位移云图

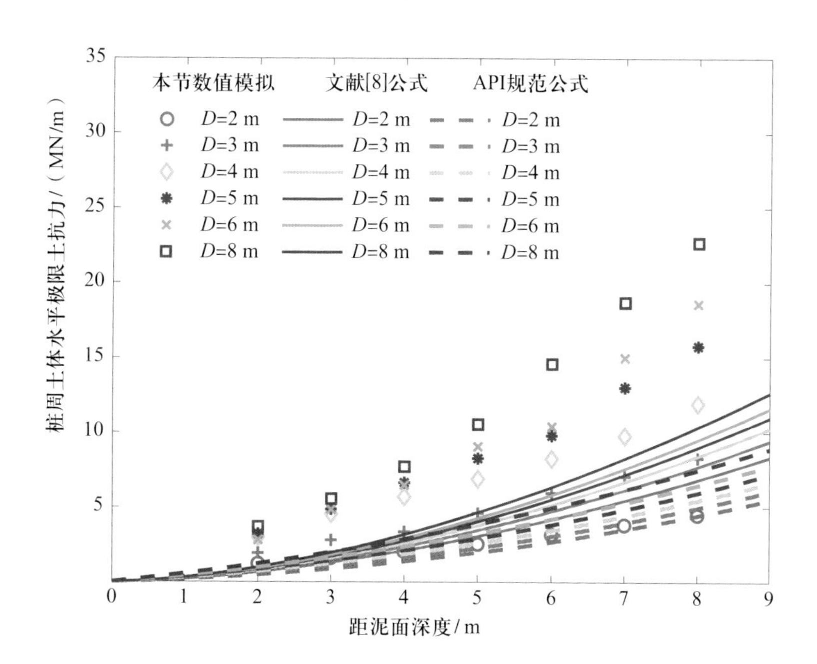

图 3-7　桩周土体水平极限土抗力的计算结果对比

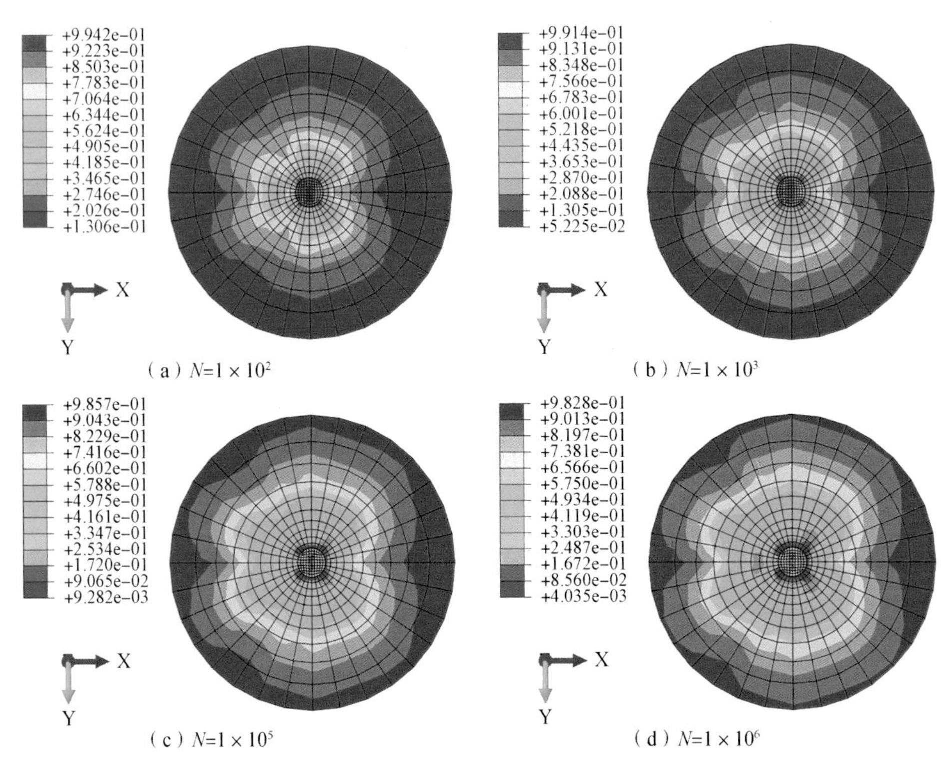

图 3-28　6 m 桩径模型在不同循环荷载作用下刚度衰减系数 Z 方向云图

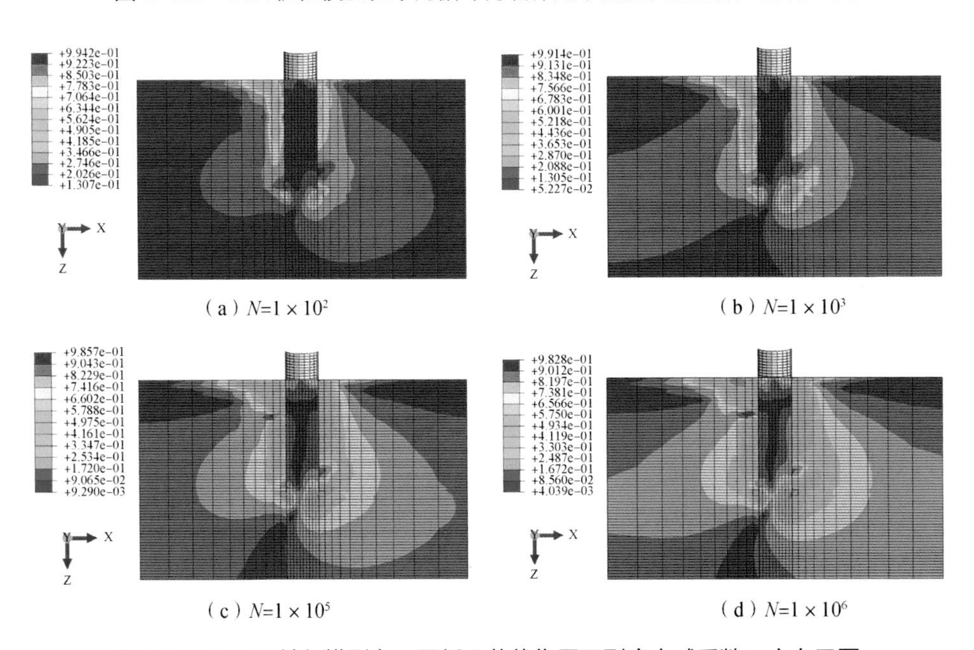

图 3-29　6 m 桩径模型在不同循环荷载作用下刚度衰减系数 Y 方向云图

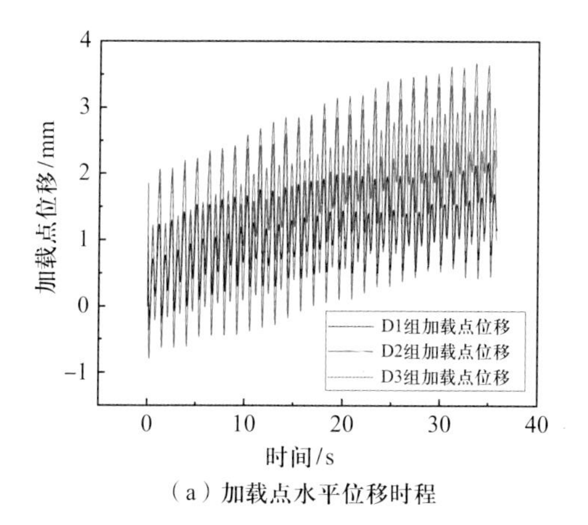

（a）加载点水平位移时程

图 4-15　极限承载状态加载点水平位移发展情况

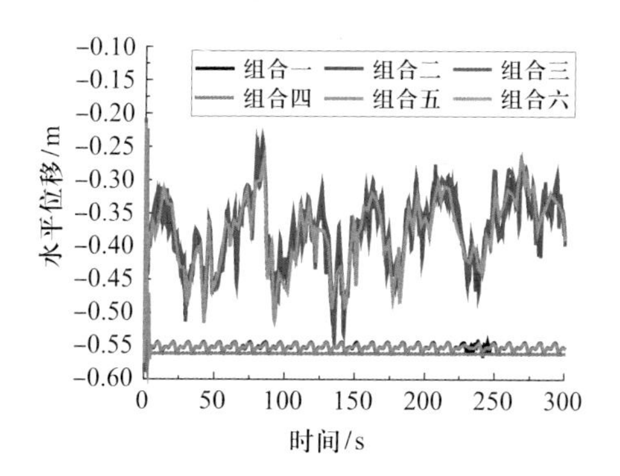

图 5-5　塔筒顶端水平位移时程曲线

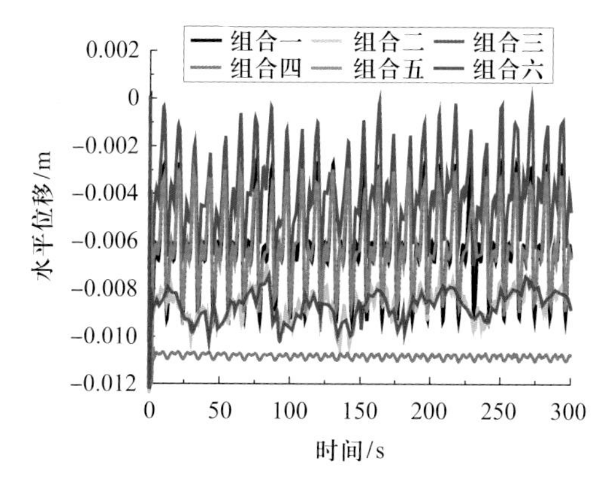

图 5-6　基础顶端水平位移时程曲线

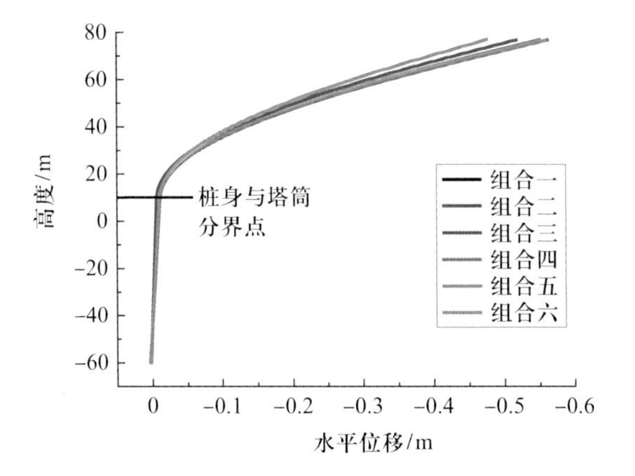

图 5-7　桩身和塔筒沿高度方向的水平位移

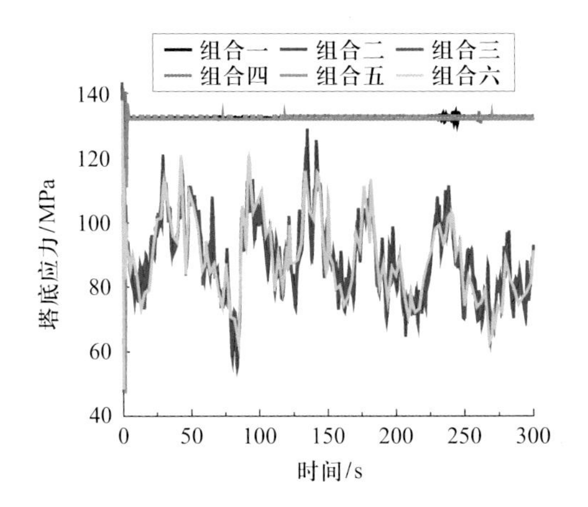

图 5-8　塔筒底端竖向应力时程曲线

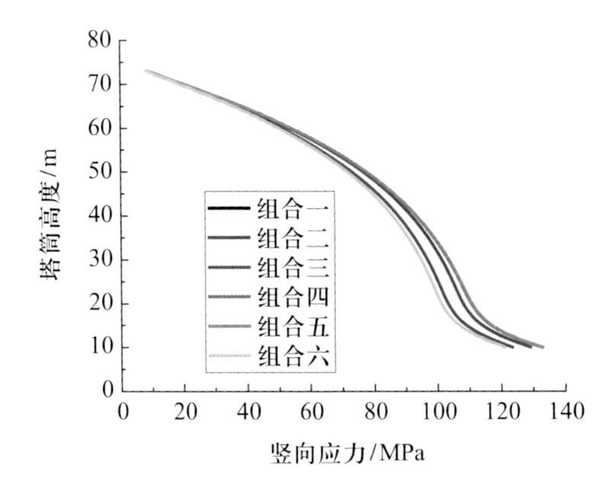

图 5-9　沿高度方向的塔筒竖向应力

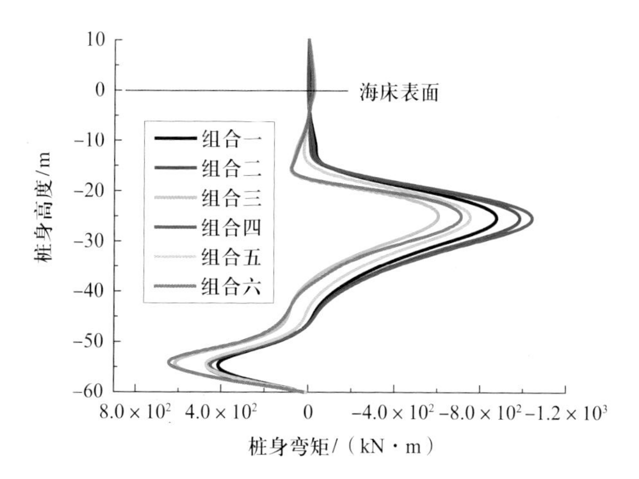

图 5-10　桩身弯矩随高度变化曲线

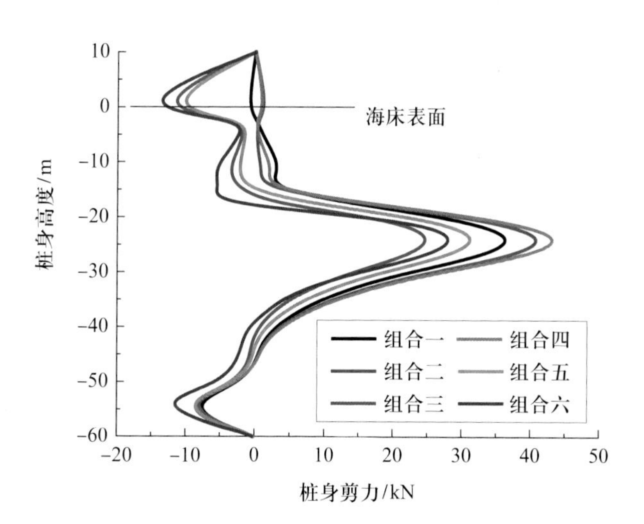

图 5-11　桩身剪力随高度变化曲线

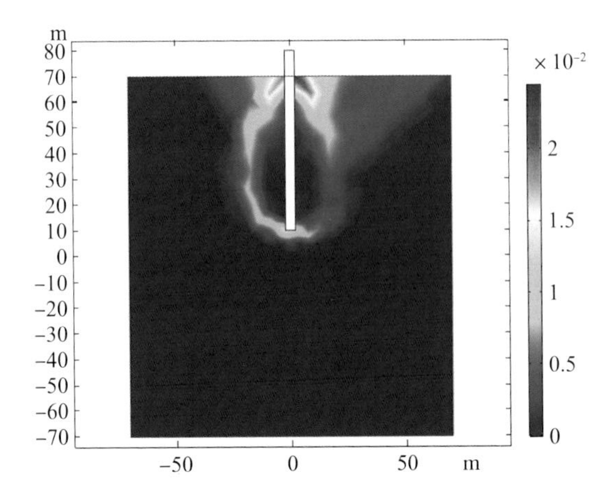

图 5-21　极限水平荷载作用下桩基础周围土体的等效塑性应变

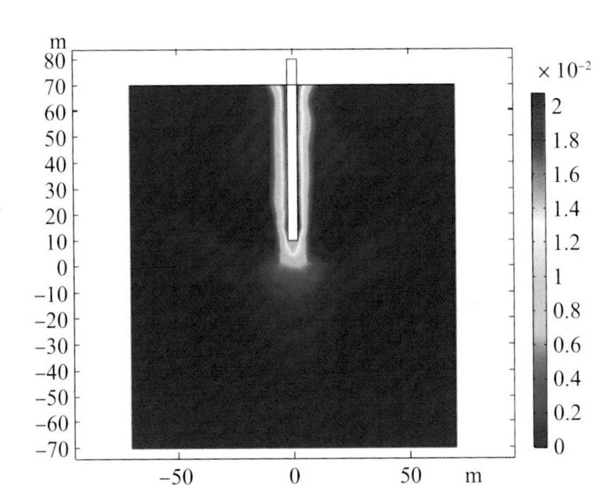

图 5-24　极限竖向荷载作用下桩基础周围土体的等效塑性应变

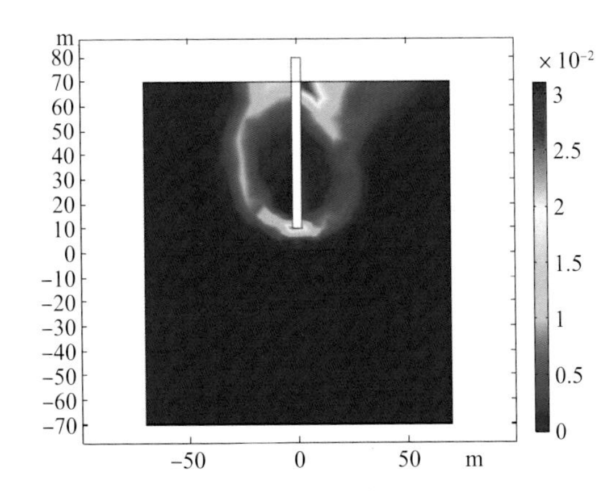

图 5-27　极限弯矩荷载作用下桩基础周围土体的等效塑性应变

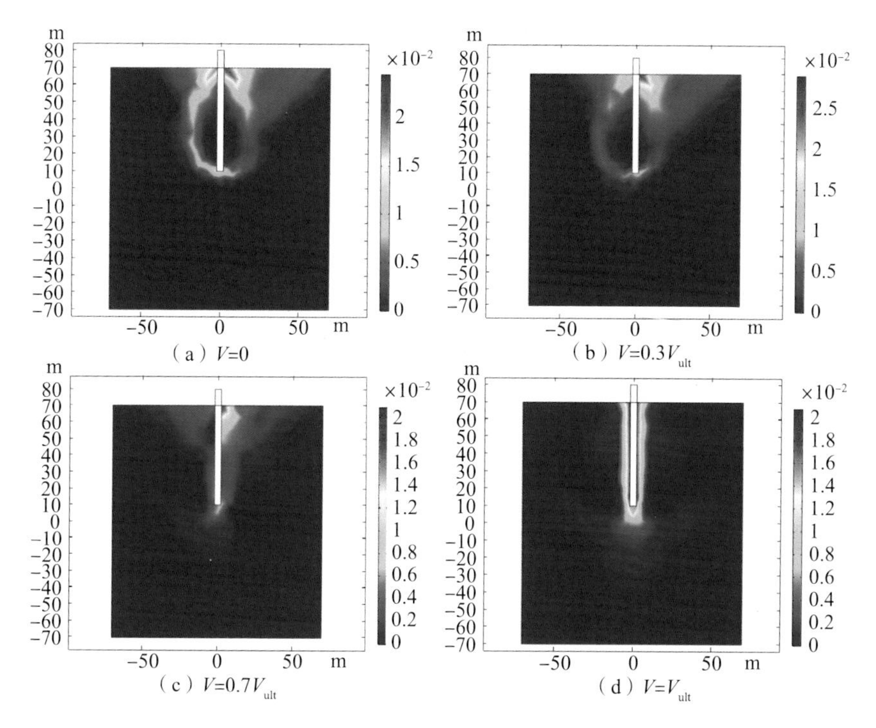

(a) V=0　(b) V=0.3V_{ult}　(c) V=0.7V_{ult}　(d) V=V_{ult}

图 5-31　不同竖向荷载作用下 V–H 空间内地基的等效塑性应变

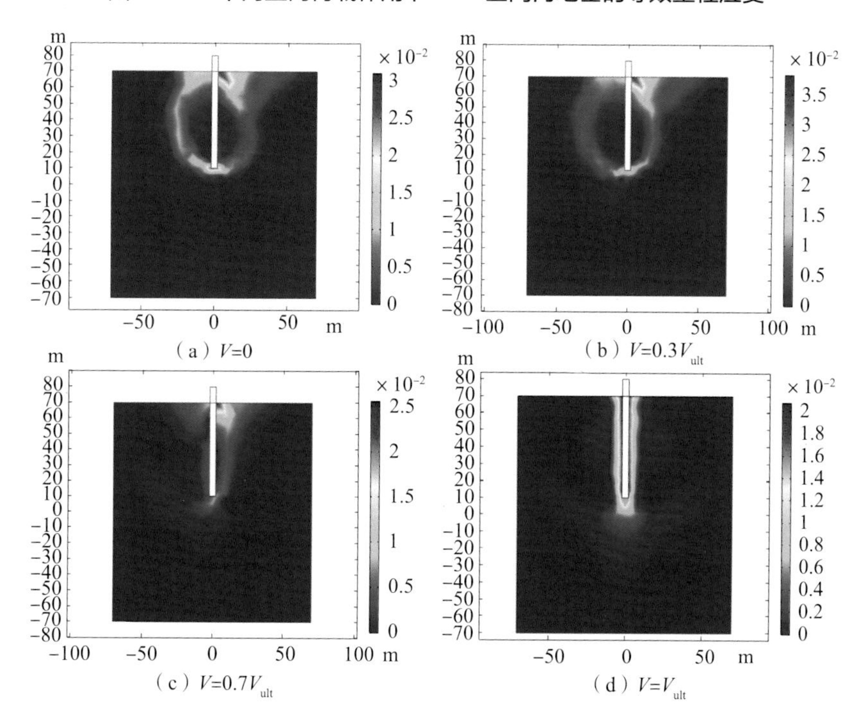

(a) V=0　(b) V=0.3V_{ult}　(c) V=0.7V_{ult}　(d) V=V_{ult}

图 5-34　不同竖向荷载作用下 V–M 空间内地基的等效塑性应变

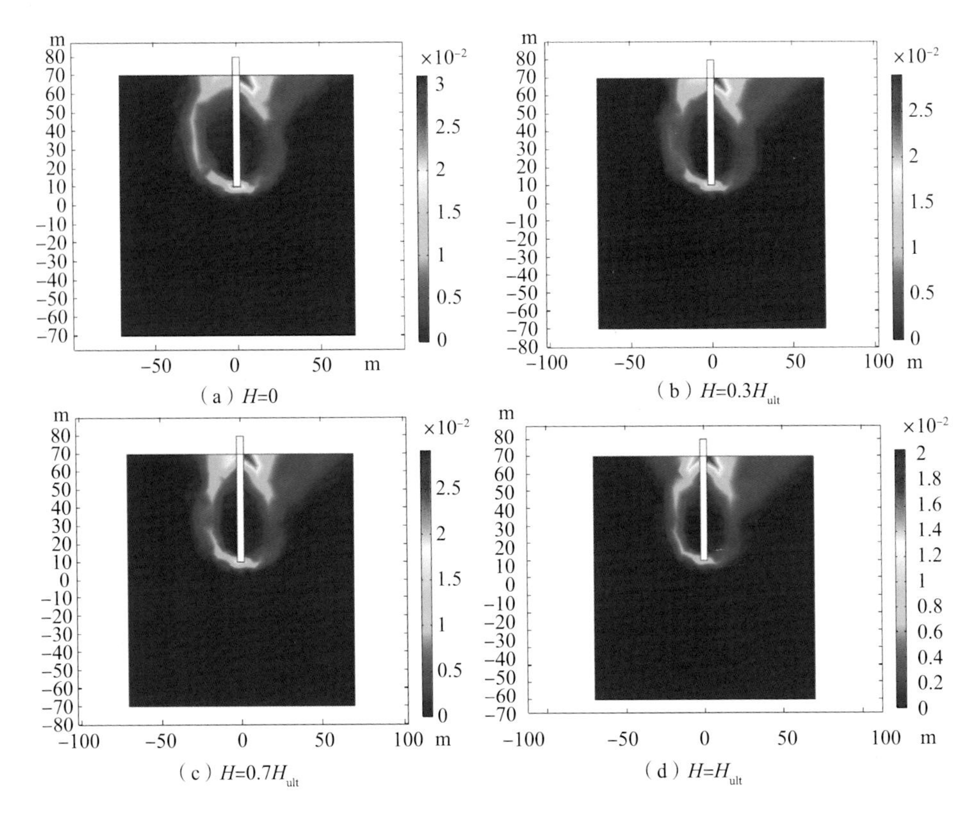

图 5-37　不同水平荷载作用下地基等效塑性应变

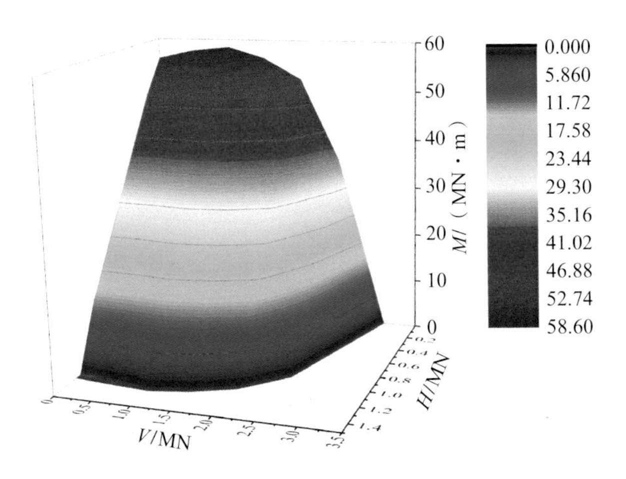

图 5-39　V-H-M 三维空间内地基承载力包络面（D/L=0.06）